BIBLIOTHÈQUE
DES MERVEILLES

PUBLIÉE SOUS LA DIRECTION

DE M. ÉDOUARD CHARTON

DIAMANTS

ET

PIERRES PRÉCIEUSES

15441. — IMP. A. LAHURE, 9, RUE DE FLEURUS, A PARIS

BIBLIOTHÈQUE DES MERVEILLES

DIAMANTS

ET

PIERRES PRÉCIEUSES

PAR

LOUIS DIEULAFAIT

PROFESSEUR DE GÉOLOGIE ET MINÉRALOGIE A LA FACULTÉ DES SCIENCES
DE MARSEILLE

TROISIÈME ÉDITION

ILLUSTRÉE DE 130 VIGNETTES SUR BOIS

PAR BONNAFOUX, SELLIER, MARIE, ETC.

PARIS

LIBRAIRIE HACHETTE ET Cⁱᵉ

79, BOULEVARD SAINT-GERMAIN, 79

1887

PRÉFACE

A côté des notions scientifiques proprement dites se rapportant aux pierres précieuses, il en est un grand nombre d'autres qui ne sont pas moins intéressantes, et qu'il importe tout autant au public de connaître. Nous avons consacré plusieurs chapitres à leur exposition.

Les pierres précieuses n'ont plus aujourd'hui d'autre usage que celui de servir à la parure et à l'ornement. A l'aide des écrits de l'antiquité, du moyen âge et de la Renaissance, nous avons montré quelle idée on s'en faisait et quel rôle considérable elles ont joué dans des temps plus anciens.

Parmi les milliers de contes, de légendes, etc., dont les pierres précieuses ont été le prétexte, nous en avons cité un certain nombre. Nous avons écarté ceux qui n'auraient offert qu'un intérêt de curiosité, et choisi, au contraire, ceux qui portaient avec eux un enseignement ou un éclaircissement.

Dans le chapitre IV et le chapitre V, il était indispensable de faire entrer quelques éléments de cristallographie; sans cela ces deux chapitres si importants perdraient une grande partie de leur valeur. Nous avons rendu ces notions aussi courtes que possible, mais en même temps nous leur avons conservé le caractère essentiellement scientifique. Vouloir vulgariser la science en la dépouillant, comme on le fait si souvent, de ce qui constitue son essence même, ce n'est pas la vulgariser, mais la défigurer et la travestir.

Le chapitre consacré aux pierres fausses ne sera pas un des moins utiles. Les faits qu'il renferme portent avec eux leur enseignement : les personnes qui achètent des pierres précieuses sauront en faire leur profit.

Un chapitre est consacré à l'exposition des méthodes à l'aide desquelles les savants modernes ont pu reproduire la plupart des pierres précieuses. Ces méthodes et les beaux résultats obtenus par leur emploi sont restés jusqu'ici confinés dans les recueils scientifiques et dans les traités spéciaux. Nous sommes heureux d'avoir eu l'occasion de les vulgariser le premier.

Il n'y a dans ce livre aucune gravure de fantaisie. Toutes reproduisent, autant qu'il est permis à la gravure de le faire, les objets qu'elles rappellent. Nous avons apporté tout le soin possible à cette partie de notre travail, car, si la gravure est un des plus puissants instruments de vulgarisation, c'est à la condition expresse de reproduire exactement la nature.

Enfin, nous nous sommes constamment efforcé de placer les faits dans leurs relations naturelles, de manière à faire connaître et à résumer, par cette exposition même, un côté notable de l'évolution de l'esprit humain, dans l'ordre intellectuel et dans l'ordre scientifique.

LOUIS DIEULAFAIT.

DIAMANTS

ET PIERRES PRÉCIEUSES

I

Pierres précieuses. — Leur origine. — Nature et position géologique des terrains dans lesquels on les rencontre. — Caractères physiques, propriétés optiques et électriques des pierres précieuses. — Caractères extérieurs. — Action de la lumière et de la chaleur sur les pierres précieuses.

Nous comprendrons dans cet ouvrage, sous la dénomination de *pierres précieuses*, d'abord toutes les substances minérales qui, par leur dureté, leur éclat, leur couleur, leur rareté, etc., ont de tous temps attiré l'attention des hommes. Nous examinerons ensuite, dans un chapitre spécial, un certain nombre de productions dont la composition et l'origine n'ont rien de commun avec les *pierres* précieuses proprement dites, mais qui, dans la parure et l'ornement, remplissent exactement le même rôle que ces dernières.

En contemplant la prodigieuse richesse de la nature, il semble que le nombre des pierres précieuses devrait être illimité; mais, comme nous le verrons, il est loin d'en être ainsi. Disons toutefois qu'il n'est pas possible de tracer une limite précise entre les pierres *précieuses* les plus communes et les pierres *ordinaires*. Nous retrouvons là un cas particulier de la grande loi formulée, il y a plus d'un siècle déjà, par l'illustre Linné : *Natura non facit saltus* (la Nature procède pas à pas).

Toutes les pierres précieuses sont transparentes ou au moins translucides. Nous pouvons déjà conclure de cette remarque que leur matière constituante doit être homogène dans chacune d'elles tout en variant dans de larges limites suivant les espèces. Cette homogénéité, on le comprend très bien, ne pourrait être obtenue par le mélange, à l'état solide, des divers éléments, quel que fût d'ailleurs l'état de pulvérisation auquel on aurait amené chacun d'eux. Il faut de toute nécessité qu'ils aient été gazeux ou liquides. Pour atteindre ce but, la nature possède une multitude de moyens, mais qui peuvent être facilement ramenés à trois procédés généraux.

1° Fusion directe de la substance par l'action seule de la chaleur.

2° Dissolution de la substance à l'aide de substances étrangères, soit à froid, soit à chaud.

3° Rencontre à l'état de vapeurs des substances destinées à devenir les éléments de la pierre.

Au point de vue de la formation, les pierres précieuses se divisent donc naturellement en deux classes.

La première comprend les pierres produites par fusion directe, par cristallisation dans un excès de leur substance fondue, par la volatilisation de leurs éléments, en un mot, *par l'intervention directe de la chaleur.*

La deuxième renferme les pierres qui ont pris naissance au sein d'une dissolution dont l'eau était en général l'un des éléments constituants.

Il résulte de là que les substances précédentes se rencontrent, les unes dans les parties de notre globe qui ont

Fig. 1. — Volcans éteints formant la chaîne des Puys, en Auvergne.

subi une si haute température, et les autres dans les parties qui n'ont jamais supporté cette température, ou, ce qui revient au même ici, dans des terrains complètement refroidis à l'époque où ils ont fourni à l'eau les éléments des pierres dont nous nous occupons.

Maintenant, les parties de notre globe qui ont subi l'action du feu peuvent-elles actuellement être distinguées de celles qui n'ont pas éprouvé cette action? Très facilement.

Quand on considère les substances qui constituent la partie solide de notre globe, on reconnaît immédiatement deux grandes divisions : la *terre* dans le sens agricole du mot, et les *pierres*, qu'elles soient plus ou moins séparées ou à l'état de roches continues. Le moindre examen montre, en outre, que cette *terre* est formée elle-même, en grande partie, de pierres de plus en plus petites, et, il ne faut pas un grand effort pour arriver à penser, ce qui est vrai, que cette terre et les pierres ont la même origine.

Si donc on enlève par la pensée, de la surface du sol la *terre*, dont l'épaisseur est du reste extrêmement faible, on voit que la partie solide de notre globe est exclusivement composée de *roches*, en prenant ce mot dans son sens vulgaire.

Ces roches se divisent en deux grandes classes. Les unes ont été produites à l'état de matières fondues, comme les laves des volcans modernes, tandis que les autres ont été formées par les mers, les fleuves et les lacs des époques anciennes, de la même manière que nous voyons les dépôts s'effectuer sous nos yeux par les eaux de la période actuelle. Les premières sont appelées *roches ignées* (*ignis*, feu), les autres roches *sédimentaires*.

D'après leur mode de formation même, ces deux gran-

des classes de roches doivent se distinguer facilement.
C'est en effet ce qui a lieu.

Les premières, poussées de l'intérieur de la terre à
l'état pâteux, sont venues s'étendre à la surface du sol,
sans montrer, le plus souvent, dans leurs différentes parties, aucune espèce de disposition régulière.

La planche figure 1, donnant une vue des *puys* volcaniques de l'Auvergne, met en évidence, mieux que
toutes les descriptions possibles, le fait que nous signalons ici. Bien que le dessin, comme toujours, ne repro-
duise que très imparfaitement la nature, on comprend
cependant que les masses représentées ont dû se soulever de l'intérieur de la terre, et sont venues, en formant
de vastes cônes, s'épancher à la surface du sol.

Sous l'influence du retrait produit par le refroidissement, la matière fondue s'est fendillée, et il en est résulté
un ensemble de fragments parfois en apparence assez
réguliers. Tout le monde connaît les colonnes basaltiques des contrées volcaniques, et celles de l'Auvergne
en particulier. Elles ont pour origine la cause dont nous
parlons. Malgré leur grande réputation, ou peut-être
même à cause de cela, les basaltes en grandes colonnes
sont assez rares, mais ce qui l'est infiniment moins, c'est
le fendillement de la masse fondue dans toutes ses directions.

La planche figure 2 donne une idée excellente de cette
disposition, et peut être considérée comme représentant bien le type généralement offert par les terrains
ignés.

En passant des terrains ignés aux terrains sédimentaires, l'aspect général change complètement. Déposés
au fond des eaux par assises parallèles, ils ont, après leur
émersion, conservé cette disposition. Sans doute les révolutions et les mouvements du sol ont, dans une foule de

Fig. 2. — Pic du Sancy, en Auvergne.

points, singulièrement détruit l'horizontalité des bancs; mais peu importe; le parallélisme des différentes couches n'en persiste pas moins, et leur disposition par assises successives demeure presque toujours parfaitement reconnaissable.

Fig. 5. — Type des terrains sédimentaires.

La figure 5 explique et justifie ce que nous venons de dire, et sa comparaison avec les deux planches précédentes achève de faire ressortir la profonde différence d'aspect que présentent les terrains ignés et les terrains sédimentaires, même à une grande distance, et pour les yeux les moins exercés.

En France, les terrains ignés sont concentrés dans quatre régions bien distinctes, la Bretagne, les Vosges, l'Auvergne et la partie méridionale du département du Var. Cette dernière, de beaucoup la moins étendue, offre un intérêt scientifique tout à fait exceptionnel, comme nous le montrons dans *la Description* et *la Carte géologiques* du Var.

Dans les temps anciens comme de nos jours vivaient des myriades d'animaux et de végétaux qui ont laissé leurs débris dans les sédiments des différentes époques. Ce sont ces restes que les naturalistes désignent par le nom de *fossiles*.

La vie étant absolument incompatible avec la haute température des terrains ignés, à l'époque de leur formation, ils ne renferment et ne peuvent renfermer la moindre trace de fossiles. La présence ou l'absence de fossiles dans un terrain constitue donc un deuxième et excellent caractère pour reconnaître son origine.

Nous reproduisons quelques-uns des types de fossiles animaux et végétaux répandus dans les différents terrains sédimentaires.

Les êtres représentés dans les figures 4, 5 et 6 se rencontrent dans les terrains les plus anciens, ceux qu'on a appelés terrains primaires.

Ils sont en général très différents des êtres actuels par leurs formes extérieures, mais ils s'en éloignent bien plus encore quand on vient à les examiner en détail. On comprend, du reste, qu'à ces époques si prodigieusement reculées, les conditions générales de la vie devaient être tout autres qu'elles ne sont aujourd'hui. Ceux que représentent les figures 7, 8 et 9 appartiennent à des terrains plus récents, les terrains jurassiques et les terrains crétacés.

Aux terrains crétacés succède la formation tertiaire, dans laquelle on rencontre les animaux représentés par les figures 10, 11 et 12 ; c'est là seulement que commencent à apparaître des animaux rappelant beaucoup

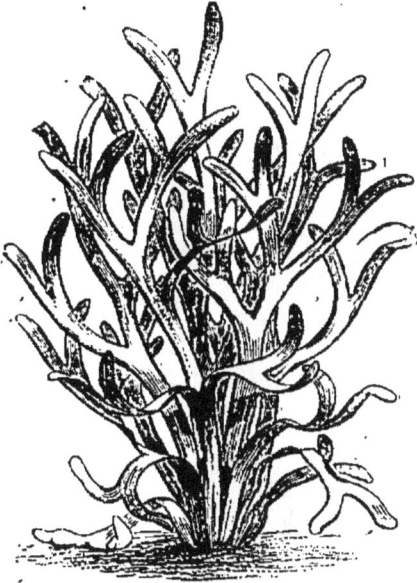

Fig. 4. — Algues.

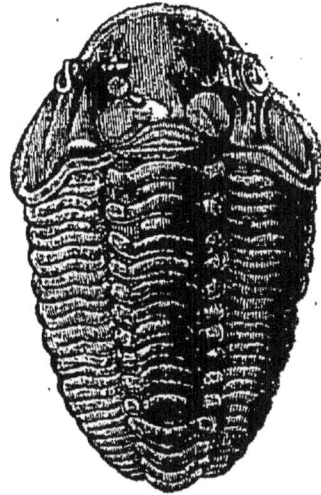

Fig. 5. — Calymene Blumenbachii.

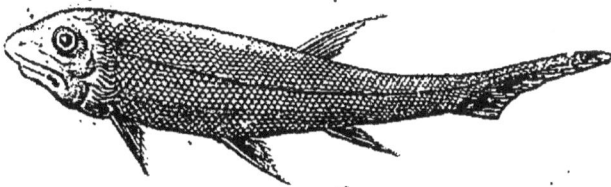

Fig. 6. — Acanthodes.

ceux de la période actuelle, et dont les figures 13 et 14 nous donnent deux types caractéristiques.

Enfin, après la formation tertiaire vient la formation quaternaire, qui renferme des animaux tout à fait analogues à ceux de la période actuelle.

Si maintenant on demande à la chimie quelle est la

composition générale de ces deux grandes classes de terrains, on obtiendra cette réponse dont la simplicité a

Fig. 7. — Coniopteris Murrayana.

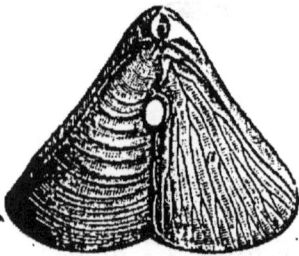

Fig. 8.
Terebratula diphya.

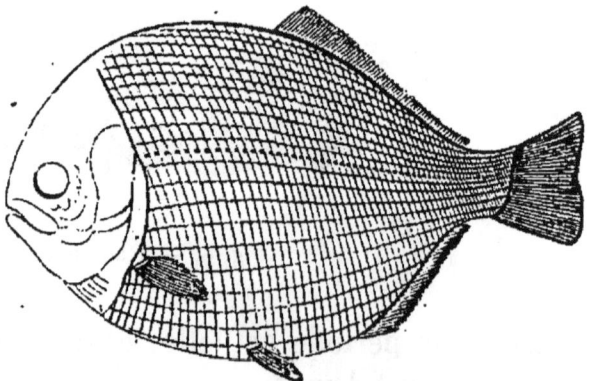

Fig. 9. — Tetragonolepis.

une véritable grandeur : ce qui domine surtout dans
les terrains sédimentaires (à l'exception des plus anciens),

c'est le calcaire; ce qui domine surtout dans les terrains ignés, c'est la silice et l'alumine.

Fig. 10. — Cerithium hexagonum.

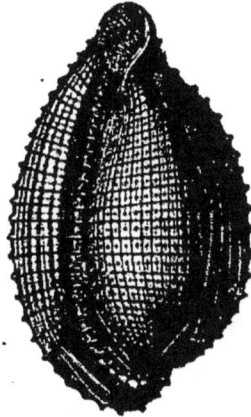

Fig. 11. — Cyprea elegans.

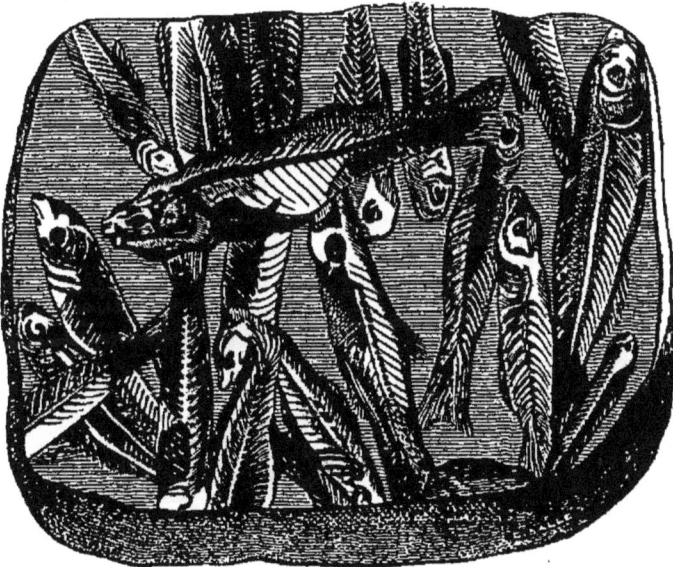

Fig. 12. — Lebias cephalotes.

. Ainsi donc : *stratification* des couches, *présence* et souvent abondance extrème de fossiles, grande *prépon-*

dérance de l'élément calcaire, voilà qui caractérise les terrains sédimentaires ; *absence* complète de *stratifica-*

Fig. 13. — Xiphodon gracile.

tion, absence complète de *fossiles, grande prépondé-*

Fig. 14. — Anoplotherium commune.

rance de l'élément siliceux et alumineux, voilà qui caractérise les terrains ignés.

Ceci établi, si l'on recherche quelle est la composition des pierres précieuses, on verra que la plupart de celles qui méritent réellement ce nom sont surtout formées de silice et d'alumine, ou bien de l'une de ces deux substances.

Il ressort, dès lors, des faits généraux établis plus haut, et de la composition des pierres précieuses, qu'elles doivent se rencontrer le plus souvent dans les terrains ignés, ou dans les débris qui en proviennent. C'est ce que l'expérience vérifie complètement.

Il semble d'après cela naturel de conclure qu'une contrée sera d'autant plus riche en pierres précieuses qu'elle offrira un plus grand développement de terrains ignés. D'une manière absolue la chose est possible ; mais au point de vue pratique, c'est-à-dire de la rencontre réelle des pierres précieuses, il est un autre élément qui joue un rôle de premier ordre, c'est l'état plus ou moins grand de désagrégation éprouvée par les roches ignées. On comprendra en effet que les pierres précieuses étant seulement de très rares exceptions dans la masse des terrains, il est nécessaire que des quantités énormes de ces derniers soient réduits en fragments assez petits pour que les pierres précieuses apparaissent.

On sait que, sous l'influence des agents atmosphériques, les roches même les plus dures se désagrègent peu à peu. Cette action toutefois n'a joué qu'un bien faible rôle dans les productions des sables et dans la formation des terres arables.

Notre terre, dans les anciens âges, a été soumise à plusieurs révolutions d'une extrême violence. Leurs principaux effets, après un nombre prodigieux de siècles, sont encore aujourd'hui parfaitement reconnaissables.

Le dernier de ces grands mouvements correspond à ce que les géologues appellent la période quaternaire.

A cette époque relativement peu éloignée des temps actuels, des masses d'eau couvraient de vastes espaces, des montagnes de glace, dont les glaciers actuels des Alpes ne sont que de faibles restes, ont envahi tout notre hémisphère jusque dans les zones les plus tempérées ; des courants d'une violence inouïe, et dont les plus grands fleuves de notre époque peuvent à peine donner une idée, ont sillonné la terre. Sous l'influence de ces agents dont les actions prodigieuses concouraient toutes à un même but, la destruction et le broiement des roches se sont opérés sur des espaces immenses et sur des épaisseurs considérables. Or c'est précisément dans les débris de roches ignées dont la réduction en sable remonte à cette époque que l'on rencontre un grand nombre de pierres précieuses et la première de toutes, le diamant.

Mais, de ce que les terrains diamantifères sont des alluvions relativement très modernes, il ne faut pas en conclure, comme on l'a fait souvent, que le diamant et les autres pierres précieuses qui l'accompagnent soient aussi d'origine assez récente. En effet, ce qui est récent, c'est la *réduction* des roches à l'état d'alluvion, mais ces roches elles-mêmes, et par suite les pierres précieuses qu'elles renferment, sont souvent extrêmement anciennes ; dans bien des cas même, elles sont antérieures à la formation des premiers terrains sédimentaires.

CARACTÈRES PHYSIQUES DES PIERRES PRÉCIEUSES

PESANTEUR ET ACTIONS MOLÉCULAIRES

Poids spécifiques. — On sait que les différents corps n'ont pas, souvent à beaucoup près, le même poids sous le même volume : un morceau de plomb, par exemple,

sera bien plus lourd qu'un morceau de bois de dimensions égales. Si on détermine le poids d'une substance et
le poids d'un même volume d'un autre corps *pris pour
terme de comparaison* (c'est l'eau distillée qui a été
choisie), qu'on divise le poids du premier corps par
celui du second, on aura un nombre qui exprimera combien de fois et de portions de fois le corps considéré est
plus ou moins lourd que celui auquel on veut le rapporter :
le nombre ainsi obtenu est *le poids spécifique* du corps.

Quand les substances sont bien définies et toujours
les mêmes, comme c'est le cas pour la plupart des pierres précieuses, ce caractère est extrêmement important,
puisqu'il permet très souvent de prononcer sans hésitation entre plusieurs pierres qui pourraient être confondues
par l'œil. C'est ainsi, par exemple, qu'on distinguera
immédiatement le diamant du zircon, puisque le poids
spécifique du premier est 3,4, et celui du second 4,4.

Nous ne parlerons pas ici des procédés aussi simples
que précis à l'aide desquels on détermine le poids spécifique des corps; ils sont parfaitement connus, et d'ailleurs on les trouve décrits dans tous les traités de
physique.

Dureté. — Il faut se garder de confondre, comme on
le fait souvent, la *dureté* avec la résistance à l'écrase-
ment et au choc. Certains grès qui s'émiettent entre les
doigts n'en sont pas moins des corps très durs. La dureté
d'une substance est « la résistance qu'elle oppose à l'action de la rayer en ligne droite avec une pointe telle
qu'une aiguille d'acier ou bien la partie anguleuse d'un
autre minéral qu'on passe avec frottement sur la surface du premier. » (M. Delafosse.)

Il est à peine besoin de faire remarquer que la dureté
est, pour les pierres précieuses, une qualité indispensable. Si, en effet, une pierre n'était pas très dure, les

frottements réitérés auxquels elle est constamment soumise la dépoliraient bien vite, et dès lors sa transparence, son éclat, ses feux, etc., en un mot, tout ce qui fait sa valeur disparaîtrait avec le poli.

C'est grâce à cette dureté jointe à l'inaltérabilité de la matière que des pierres dures parfaitement taillées, il y a des milliers de siècles, par les artistes égyptiens, sont arrivées intactes jusqu'à nous, et constituent aujourd'hui des documents du plus haut intérêt, puisqu'elles nous permettent de constater combien, dans ces temps si reculés, les arts et la civilisation, dont ils ne sont que la manifestation, étaient déjà avancés.

Fusibilité. — La fusibilité est la propriété que possèdent les corps solides de passer à l'état liquide, quand on les soumet à une température suffisante.

Pour les pierres précieuses en particulier le point de fusion s'abaisse à mesure que la composition de la pierre devient plus complexe. Aussi le diamant, *corps simple*, est absolument infusible. — Le rubis, le saphir, la topaze, *corps binaires*, ne fondent que sous l'action du chalumeau à gaz hydrogène et oxygène. — Les silicates simples, *corps ternaires*, entrent en fusion à une température déjà bien moins élevée. — Enfin les silicates multiples n'offrent plus, à ce point de vue, aucune résistance sérieuse.

La température de fusion des différentes pierres précieuses, se trouvant liée d'une manière assez remarquable avec la dureté de ces mêmes pierres, constitue un bon caractère pour les reconnaître.

PROPRIÉTÉS OPTIQUES

Réfraction. — Quand un rayon lumineux se propage dans un milieu homogène, il suit une marche rectiligne.

Tout le monde a été témoin du phénomène représenté dans la figure 15, un rayon de soleil pénétrant par une petite ouverture dans un lieu suffisamment obscur.

Tout le monde surtout a été frappé du spectacle parfois magnifique que présentent les rayons solaires s'échappant en brillants faisceaux à travers les ouvertures d'un amas de nuages (fig. 16).

Fig. 15. — Marche d'un rayon lumineux dans un milieu homogène.

Mais quand un rayon lumineux passe d'un milieu dans un autre, il n'en est plus généralement ainsi, il éprouve une modification extrêmement remarquable.

Il est plus ou moins écarté de sa direction primitive. On désigne ce phénomène sous le nom de *réfraction* (de *refractum*, brisé). Il suffit de plonger un bâton dans l'eau pour produire l'effet dont il s'agit d'une manière

très prononcée. Quand on regarde à travers une lor-
gnette les acteurs sur le théâtre, on ne les voit pas à
leur véritable place; les rayons émanant d'eux et qui
viennent peindre leur image sur notre rétine traversent,
en se *réfractant*, c'est-à-dire en se déviant de leur route
primitive, les verres de la lunette.

La quantité dont les rayons lumineux sont déviés en

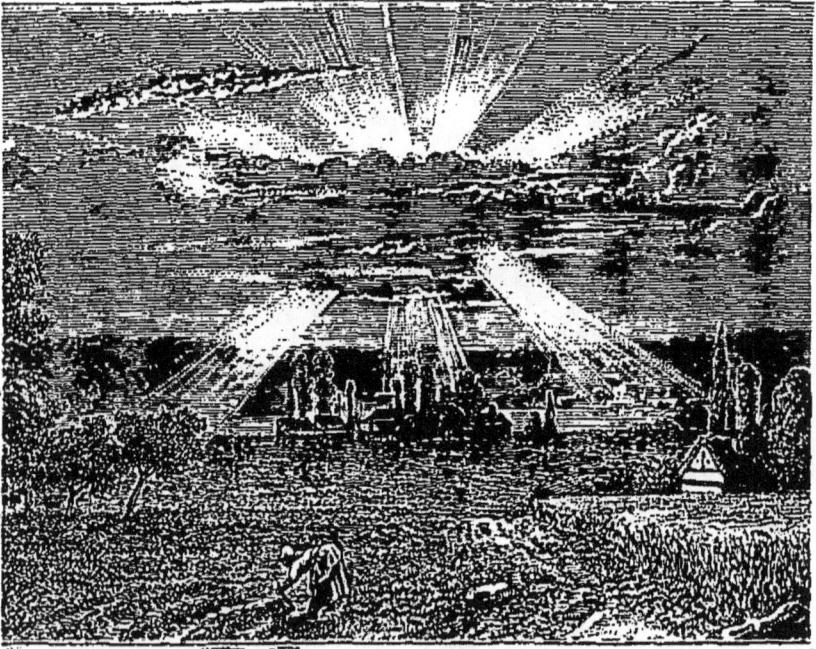

Fig. 16. — Rayons de soleil à travers les ouvertures des nuages.

traversant un corps diaphane varie beaucoup. Cette différence dans la réfraction est généralement en rapport
avec des différences dans la nature et la composition des
corps, mais ce n'est pas là le seul élément qui inter-
vienne dans la production complète du phénomène. Des
considérations et des expériences dans les détails desquelles nous ne pouvons entrer ici, montrent que le
pouvoir réfringent d'une substance est dans un rapport
intime avec sa constitution moléculaire. C'est ainsi, par

exemple, que le spath d'Islande et l'aragonite réfractent la lumière de quantités inégales, bien que la composition chimique de ces deux corps soit identiquement la même, étant formés l'un et l'autre par du carbonate de chaux pur : seulement dans les deux cas, la constitution moléculaire est très différente.

Double réfraction. — Il est, parmi les corps transparents, une classe très nombreuse de substances qui possèdent une propriété extrêmement curieuse, c'est de montrer deux images d'un même objet. Ainsi, qu'on prenne un cristal de spath d'Islande, qu'on le place sur

Fig. 17. — Double réfraction du spath d'Islande.

une feuille de papier blanc portant des caractères ou des signes quelconques (fig. 17), on verra immédiatement deux images de chaque point se produire, et de plus toutes les deux seront déviées.

Les corps qui montrent cette propriété possèdent ce qu'on appelle la réfraction double, ceux qui ne la possèdent pas ont la réfraction simple.

Quand un corps, cristallisé ou non, est parfaitement homogène dans toutes ses parties, et que ses éléments sont disposés dans tous les sens d'une manière uniforme, on comprend que la lumière doit se propager régulièrement en le traversant, qu'il ne peut y avoir qu'un seul rayon à la sortie, et par suite une seule image.

Les corps cristallisés appartenant au système cubique se trouvent dans ces conditions, aussi n'offrent-ils jamais le phénomène de la double réfraction, quelle que soit la direction suivant laquelle la lumière les traverse. Mais, si l'on prend un cristal appartenant à un système quelconque autre que le système régulier, il en est tout autrement. La disposition moléculaire n'étant plus la même dans tous les sens, il y aura certaines directions suivant lesquelles la lumière ne se propagera plus dans une direction unique, et on obtiendra alors les effets de la double réfraction. Seulement, dans ce cas, on verra encore des effets très différents, suivant que le corps sur lequel on opère appartiendra à un système plus ou moins éloigné du système régulier.

Comme les pierres précieuses les plus estimées sont cristallisées, on comprend combien le caractère dont nous venons de parler peut être utile pour les distinguer, quand on sait à l'avance, comme on le sait aujourd'hui, si une pierre donnée possède la réfraction simple ou double. Mais, à cause des faibles dimensions que présentent toujours les pierres précieuses, il faut opérer d'une certaine façon pour arriver à faire naître d'une manière bien nette le phénomène de la double réfraction, quand la pierre est réellement biréfringente. En effet, si l'on regarde un objet à travers deux faces parallèles, comme nous l'avons indiqué pour le spath d'Islande, l'épaisseur sera infiniment trop faible pour que l'œil aperçoive deux images ; mais si l'on regarde ce même objet à travers deux faces inclinées l'une sur l'autre, de manière à former un prisme (en employant ce mot dans le sens optique), le résultat sera tout différent.

Prenons, par exemple, une petite pierre taillée en brillant, sur la nature de laquelle on aurait quelques doutes.

Le diamant, appartenant au système cubique, possède la réfraction simple; mais les corps avec lesquels on peut le confondre, rubis, saphir, topaze, zircon surtout, etc., possèdent la réfraction double.

On place la pierre à la hauteur de l'œil, en la tenant d'une main; de l'autre, on prend un corps de petite dimension, une épingle par exemple, et on le fait mouvoir lentement de l'autre côté de la pierre jusqu'à ce que l'œil l'aperçoive. Si la pierre est biréfringente, voici ce qui va se passer : les rayons se bifurquent en entrant dans la pierre, et au point d'émergence dans l'air, ils ne seraient pas suffisamment écartés pour qu'on puisse, en ce point, constater leur séparation, si l'épingle est très rapprochée; mais en l'éloignant peu à peu, on voit bientôt le dédoublement se produire de la manière la plus évidente.

Si on fait l'expérience le soir ou dans l'obscurité, on peut, au lieu d'une épingle, regarder la lumière d'une bougie placée à une certaine distance, après avoir disposé les choses de manière à ce que la bougie, complètement soustraite aux courants d'air, donne une flamme bien pure et bien régulière; le phénomène sera exactement le même, et on aura l'aspect présenté par la figure 18.

Si le phénomène de la double réfraction se produit, on en conclura, sans hésiter, que la pierre essayée n'est pas un diamant.

Polarisation. — C'est un fait parfaitement connu que, si un faisceau lumineux tombe sur une surface plane et polie, il se réfléchit; mais ce qui l'est beaucoup moins, c'est que si l'on présente au rayon ainsi réfléchi une première fois sous un certain angle, un deuxième miroir plan incliné, il y aura certaines positions pour lesquelles ce rayon ne sera plus réfléchi par le deuxième miroir.

La lumière a donc éprouvé, par sa première réflexion, une modification profonde : c'est cette modification qu'on a désignée sous le nom de *polarisation par réflexion*.

Mais en traversant certains cristaux la lumière éprouve exactement les mêmes changements, c'est-à-dire que les rayons émergeant du cristal ne se réfléchissent plus quand on les fait tomber avec une certaine incidence sur un miroir plan, et qu'ils sont devenus com-

Fig. 18. — Aspect d'une bougie vue à travers un cristal biréfringent[1].

plètement impuissants à traverser certains cristaux, d'ailleurs d'une translucidité parfaite, quand on leur présente ceux-ci suivant une direction déterminée. On a alors la *polarisation par réfraction*.

La réfraction double et la polarisation sont liées, dans les cristaux, de la manière la plus intime.

1. La pierre doit être beaucoup plus rapprochée de l'œil que ne l'indique la figure.

Sans entrer dans l'étude de ces deux grandes manifestations, qui touchent aux questions les plus élevées de la physique et de la mécanique rationnelle, nous dirons, ce qui est suffisant pour notre sujet, que tous les corps biréfringents traversés par un rayon de lumière polarisée et séparés de l'œil par certaines substances cristallisées, présentent des phénomènes de coloration magnifiques, tandis que les substances à réfraction simple ne montrent rien de semblable dans les mêmes conditions. Il est donc très facile, à l'aide de l'un des mille polariscopes dont la science dispose aujourd'hui, de s'assurer, en un instant, si une pierre précieuse possède ou non la double réfraction.

Dichroïsme, polychroïsme. Astérie. — Les phénomènes désignés par les expressions précédentes se rattachent complètement à la réfraction et à la polarisation de la lumière; tous indiquent que les substances qui leur donnent naissance ne sont pas constituées d'une manière identique dans toutes leurs parties.

PROPRIÉTÉS ÉLECTRIQUES

D'une manière générale, tous les corps peuvent acquérir l'électricité par le frottement : seulement, les uns gardent pendant un temps plus ou moins long l'électricité comme engagée entre leurs pores, tandis que les autres la perdent instantanément. Les premiers sont des corps isolants, les autres des corps conducteurs.

Les pierres précieuses appartiennent à la première catégorie, mais elles montrent des différences très grandes dans le temps pendant lequel elles restent électrisées, et ce caractère, entre des mains exercées, peut fournir des indications très utiles pour les distinguer les unes des autres.

Il existe quelques pierres précieuses qui possèdent la très curieuse propriété de s'électriser quand on vient à les chauffer. La tourmaline est particulièrement dans ce cas.

Les pierres précieuses frottées avec la même substance, généralement un morceau de drap, prennent les unes l'électricité positive, les autres l'électricité négative. Quant à la tourmaline et aux substances qui s'électrisent par la chaleur, elles montrent en général l'électricité positive à l'une de leurs extrémités et l'électricité négative à l'autre.

CARACTÈRES EXTÉRIEURS

TRANSPARENCE

On désigne ainsi la propriété que possèdent les pierres précieuses d'être plus ou moins facilement traversées par les rayons lumineux.

Elles sont *transparentes* quand, interposées entre l'œil et un objet, elles laissent voir avec netteté tous les contours de cet objet. Exemple, le diamant.

Elles sont *demi-transparentes* quand les objets vus au travers sont un peu confus. Exemple, l'émeraude.

Elles sont *translucides* quand on ne peut plus rien distinguer en les plaçant devant l'œil, alors cependant que la lumière les traverse encore d'une manière évidente. Exemple, la calcédoine.

Enfin, elles sont *opaques* quand aucun rayon lumineux ne peut plus les traverser. Exemple, le jaspe.

ÉCLAT

« Les minéraux manifestent beaucoup de différence

entre eux relativement à la manière dont la lumière se comporte à leur surface ; sous ce rapport il y a lieu de distinguer deux effets différents, l'*éclat* et la *couleur*, qui sont l'un à l'autre ce qu'est le timbre au son dans un instrument de musique. La couleur ne dépend que de la nature des rayons réfléchis ; l'éclat tient à leur intensité et à certaines modifications particulières de leur teinte qu'on ne saurait définir ; il dépend de la structure du corps, du mode de texture et du plus ou moins de poli de sa surface. L'éclat en général est, comme la transparence et la couleur, susceptible de gradation ; il est plus ou moins vif, plus ou moins terne et disparaît entièrement dans les variétés dont l'aspect devient mat, lithoïde ou terreux. » (M. Delafosse.)

Éclat adamantin. — Il est intermédiaire entre l'éclat métallique et l'éclat vitreux ; il est propre à quelques cristaux, au zircon, mais surtout au diamant.

Éclat nacré ou perlé. — C'est un mélange de l'état argentin et de l'éclat vitreux, rappelant, comme son nom l'indique, la nacre de perle. Certaines variétés de corindons possèdent cet éclat d'une manière très prononcée.

Éclat soyeux. — Il est dû à des fibres droites très serrées et d'égale grosseur. Il rappelle beaucoup certaines étoffes moirées.

Éclat gras. — Les pierres qui possèdent cet éclat sont en général des pierres vitreuses, mais qui semblent toujours, même dans les cassures les plus fraîches, avoir été imprégnées d'huile.

Éclat résineux. — Il tient le milieu entre l'éclat gras et l'éclat vitreux. L'opale présente généralement cet aspect.

Éclat vitreux. — Il rappelle tout à fait la cassure du verre. Cet éclat appartient en général aux corps dont le pouvoir réfringent n'est pas considérable.

ACTION DE LA LUMIÈRE ET DE LA CHALEUR SUR LES PIERRES PRÉCIEUSES

LUMIÈRE

Quand on expose aux feux du soleil, pendant un certain temps, les pierres précieuses les plus rares, particulièrement le diamant, et qu'on les porte ensuite dans l'obscurité, elles restent lumineuses et produisent ce qu'on a appelé le phénomène de la phosphorescence. Ce curieux effet persiste assez longtemps, mais il s'affaiblit peu à peu, et finit par disparaître complètement.

CHALEUR

Les effets produits par la chaleur sur les pierres précieuses sont plus remarquables encore que ceux que détermine la lumière. La chaleur agit du reste de deux manières bien différentes. Elle modifie la constitution élémentaire de la pierre en écartant ses molécules, mais cela d'une manière toute mécanique; ou bien elle produit dans la pierre une véritable réaction chimique. Dans le premier cas, les modifications seront temporaires et, à la longue, les choses reviendront à leur état primitif; dans le second cas, les effets produits seront permanents.

Comme exemple de ce dernier cas, nous citerons une pratique dont l'origine se perd dans l'antiquité, et qu'emploient encore généralement les lapidaires de notre époque. C'est celle qui consiste à soumettre une pierre colorée (diamant, topaze, etc.), à une température plus ou moins élevée. Presque toujours, dans ces conditions, la pierre se décolore d'une façon permanente.

Une communication extrêmement remarquable de M. Fremy à l'Académie des sciences nous servira d'exemple pour le premier cas.

« MM. Halphen. ont l'honneur de présenter à l'Académie un diamant du poids de 4 grammes environ, présentant un phénomène qui n'a jamais été observé, du moins à leur connaissance.

« Cette pierre est, à l'état normal, d'un blanc légèrement teinté de brun. Lorsqu'on la soumet à l'action du feu, elle prend une teinte rosée très nette, qu'elle conserve pendant huit à dix jours, et qu'elle perd peu à peu pour revenir à sa coloration normale primitive.

« Cette modification peut être réalisée indéfiniment ainsi que le retour à l'état primitif; car la pierre soumise à l'Académie a subi cinq fois cette épreuve.

« Le phénomène en question a frappé une première fois l'attention d'un observateur qui essayait sur ce diamant, et par hasard, l'action prolongée du feu. Des expériences faites depuis sur d'autres diamants n'ont pas produit le même résultat.

« Cette question de coloration des diamants a une importance que l'Académie appréciera facilement quand elle saura que la pierre présentée en ce moment à son état normal a une valeur de 60 000 francs, et que son prix, à l'état de coloration rose, si cette couleur était permanente, serait de 150 à 200 000 francs[1]. »

1. *Comptes rendus de l'Académie des sciences*, t. LXII, 1866.

II

Coup d'œil général sur les pierres précieuses depuis l'antiquité jusqu'à la création de la chimie moderne. — Idées admises chez les anciens et au moyen âge sur la nature et les propriétés des pierres précieuses.

En voyant ce qui se passe autour de nous, et en lisant les annales des temps anciens, on constate que les objets brillants ont toujours été recherchés par l'homme. Il est donc certain que les pierres précieuses en particulier ont dû être recueillies et employées comme parure dès le berceau de l'humanité. C'est du reste ce que nous verrons d'une manière incontestable dans le chapitre IX de ce livre.

Les pierres précieuses n'ont plus aujourd'hui en Europe d'autre usage que celui de servir à la parure et de fournir quelques instruments à l'industrie. Mais, dans des temps plus anciens, elles avaient un rôle bien autrement important. On leur attribuait les propriétés les plus merveilleuses soit dans l'ordre physique (guérison des maladies, etc.), soit dans l'ordre métaphysique (influence sur les actions, les sentiments des individus, etc.).

Si l'on considérait isolément, et à notre point de vue moderne, les opinions des anciens à ce sujet, on éprouverait la plus pénible impression en voyant à quel profond égarement l'esprit de l'homme peut arriver ; mais quand on suit à travers les âges la filiation des idées, on reconnaît que les opinions dont il s'agit, tout en restant parfaitement fausses, procèdent le plus souvent d'un point de départ vrai.

Avide de s'élever au-dessus de la sphère où il était confiné, l'esprit de l'homme a dès les premiers temps tâché de soulever le voile qui dérobait l'avenir à sa vue; architecte pauvre et inexpérimenté, il n'en a pas moins essayé d'élever un temple à la Vérité ; mais, les matériaux lui faisant défaut, il a cherché dans l'hypothèse ce qu'il n'aurait dû demander qu'à l'expérience. De là les erreurs profondes que l'on rencontre, dans toutes les parties des connaissances humaines, aussitôt qu'on remonte un peu le cours des âges. Cependant, chaque siècle apportant son contingent de faits positifs, les différentes parties de la science se sont successivement constituées.

Pour nous, hommes modernes, qui avons l'immense bonheur d'arriver à l'heure où des matériaux suffisants se trouvent réunis et mis à notre disposition, ayons la plus profonde reconnaissance pour ces temps anciens, pour ce moyen âge surtout, pendant lequel se sont élaborées, au sein de la persécution la plus violente et la plus incessante, la plupart des grandes idées dont nous voyons le développement à notre époque, et dont l'action, de plus en plus prépondérante, conduit l'humanité vers de meilleures destinées.

Avant de jeter un coup d'œil rapide sur l'histoire des pierres précieuses depuis l'origine de l'homme jusqu'à notre époque, il est nécessaire de rappeler quelques idées générales trop peu connues ou trop oubliées aujourd'hui.

« Un fait qui domine toute l'histoire ancienne, c'est l'alliance étroite de la religion avec la science. Cette alliance est un des caractères distinctifs de l'antiquité. On y trouve la solution de bien des problèmes soulevés par l'esprit humain[1]. »

Parmi les grandes idées fausses ou méconnues admises par les anciens, il en est deux qui méritent toute l'attention de l'historien et du philosophe, parce qu'elles permettent de résoudre une foule de difficultés isolément inexplicables, et à lier, avec une logique remarquable,

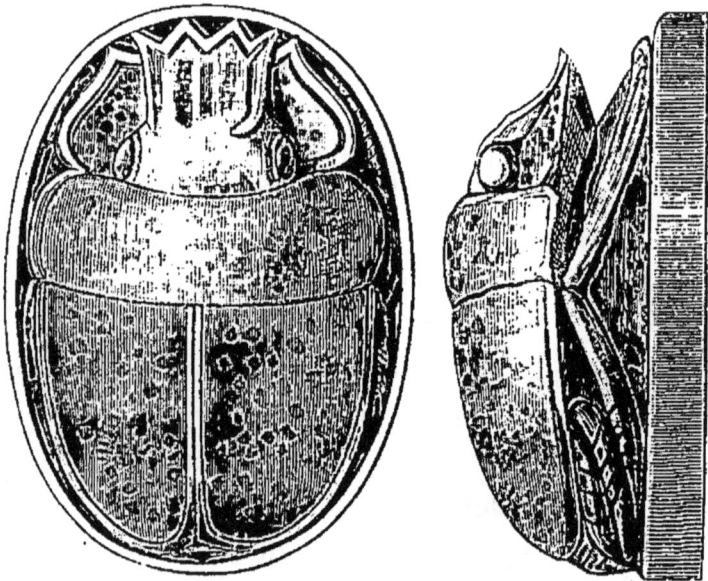

Fig. 19. — Scarabée égyptien taillé dans une pierre dure.

étant donné le point de départ, l'ensemble général des faits physiques et métaphysiques dépendant de notre univers.

La première consistait à considérer l'homme (*microcosme*) comme une réduction en miniature de l'univers (*macrocosme*) entier, et à admettre, comme conséquence, que les différentes parties du corps de l'homme avaient, dans l'ensemble de l'univers, leurs correspondants.

1. Hœfer, *Histoire de la chimie*, p. 7. Paris, imp. Didot, 1866. 2e éd.

La deuxième était cette conception de l'âme du monde dont les âmes des êtres animés ne seraient que des parties. « Au moment de la dissolution du corps, disent les philosophes indous, l'âme, *atmâ*, très différente du principe purement vital, se réunira, si elle est pure, à la grande âme universelle *paramâtmâ* d'où elle est émanée; si elle est impure, elle sera condamnée à subir un certain nombre de transmigrations, c'est-à-dire à animer successivement des plantes ou des animaux *ou même à être incarcérée dans quelque corps minéral* jusqu'à ce que, purifiée de toutes ses souillures, elle soit jugée digne du *moucti*, de l'absorption dans la Divinité[1].

Ainsi les minéraux comme les animaux et les végétaux étaient, pour ces philosophes, des êtres vivants.

Ils admettaient encore que le monde est un animal réunissant les deux principes actif et passif. C'est là, du reste, une des idées les plus fondamentales et les plus généralement admises non seulement dans l'Inde, mais dans presque tous les systèmes de philosophies anciennes.

De l'Inde ces idées passèrent en Égypte, d'où elles furent plus tard transportées en Grèce par Platon, Pythagore, etc. Restées confinées dans l'Orient de l'Europe pendant de longs siècles, elles reparurent, avec un certain éclat, vers le commencement de l'ère actuelle, dans les écrits des philosophes de l'école d'Alexandrie; mais c'est surtout au moyen âge qu'on les vit régner en souveraines, quand les alchimistes les eurent transportées dans le domaine minéral.

On s'explique alors très facilement comment, à l'aide de ces idées, les anciens ont été conduits à admettre, d'une manière générale, l'influence directe de l'univers sur l'homme, et même l'influence de telle ou telle sub-

1. Hœfer, *Histoire de la chimie*, p. 28.

stance, portion de l'univers, sur la partie du corps de l'homme qu'ils considéraient comme lui correspondant plus particulièrement.

Si maintenant nous examinons quelles étaient les idées des anciens sur la nature des pierres précieuses, on verra qu'elles devaient jouer nécessairement un rôle considérable.

Les pierres précieuses produites par l'influence de la chaleur, du froid, de l'humidité, de la sécheresse, etc., empruntaient leurs éléments aux parties les plus pures, aux sucs les plus rares et les plus élaborés des eaux et

Fig. 20 et 21. — Figurines égyptiennes en pierres dures.

des minéraux. Par la beauté de leurs formes, la splendeur de leurs couleurs, elles devaient être et étaient en réalité considérées comme des productions d'une pureté incomparable, comme un résumé de tout ce que la nature renfermait de plus parfait. De là à douer ces merveilleux produits de propriétés en rapport avec l'idée qu'on se faisait de leur nature et de leur origine, il n'y avait qu'un pas à faire; il fut fait.

« Il ne serait pas sans intérêt de suivre l'histoire des gemmes à travers celle de l'humanité, depuis l'éphod d'Aaron jusqu'à la croix pastorale de monseigneur l'archevêque de Paris; depuis les offrandes de rubis, de sa-

phirs, d'émeraudes, de diamants, de topazes, de sardoines,
d'améthystes, d'escarboucles, de pierres d'aimant dans
les temples de Jupiter et des autres divinités païennes,
jusqu'aux richesses de même nature qui, avant le seizième siècle, s'étaient accumulées dans ce qu'on appelait

Fig. 22. — Cornaline égyptienne gravée.

le trésor des basiliques chrétiennes. On conserve encore
à Rome une émeraude du Pérou envoyée en hommage au
pape après la conquête de ce pays. On doit cependant
remarquer que ces précieux dépôts provenant de la piété
des fidèles n'ont pas toujours été fidèlement respectés.
Lorsque la réformation de
Luther et de Calvin dans les
pays allemands, et plus tard,
la Révolution française dans
les pays restés catholiques,
transmirent aux autorités
civiles la possession de ces
richesses votives, on a pu

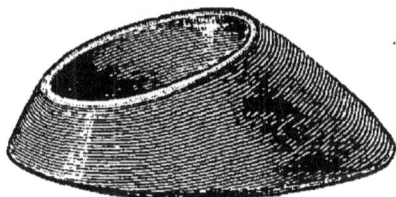

Fig. 23. — Bague égyptienne
en cornaline.

constater que bien des substitutions frauduleuses avaient
été opérées, et que le strass avait bien souvent remplacé la gemme primitive. » (M. Babinet.)

Tout en admettant volontiers l'opinion précédente, il
faut bien reconnaître que les pierres précieuses *fausses*
étaient, dans les siècles précédents, très employées pour

l'ornementation des édifices religieux. C'est même à cause de cet emploi que le P. Kircher a écrit, sur leur préparation, un traité assez étendu et fort clair qu'il suffirait de suivre encore aujourd'hui pour obtenir de très bons résultats.

« Les pierres précieuses ont été de tout temps en grande estime, et le seront sans doute tout autant dans les siècles à venir. Lorsque aux somptuosités des cours de l'Orient et des citoyens romains enrichis des dépouilles

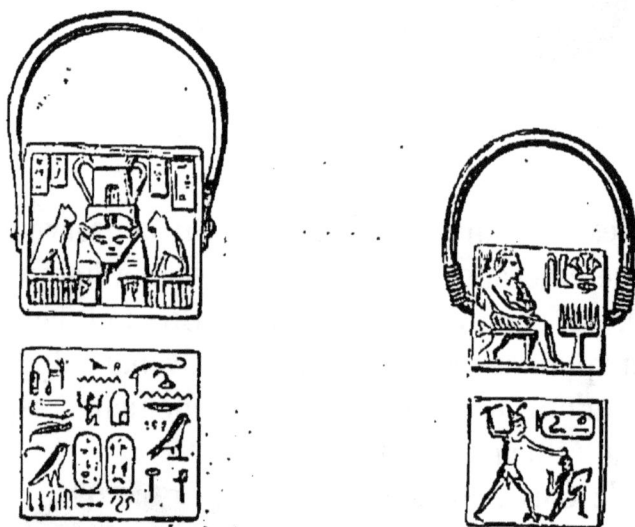

Fig. 24 et 25. — Bagues égyptiennes avec tablettes en pierres dures à tourillons, gravées sur les deux faces.

du monde, on compare notre luxe moderne, nous avons l'infériorité sur bien des points, excepté pour les diamants. Si dans une des brillantes réunions des Tuileries on apprécie la valeur des diamants, même en défalquant les parures en strass, on trouve que notre richesse française, quoique plus disséminée, ne le cède en rien à la richesse romaine tant vantée. » (M. Babinet.)

La mythologie de l'Inde parle des pierres précieuses en termes qui montrent qu'on leur attribuait, dès les

plus anciens âges, une estime générale. Dans les chants
et les ballades de ce pays il est souvent fait mention de
ces belles productions.

En Égypte, on rencontre souvent dans les tombeaux,
avec les momies remontant à une époque extrêmement
reculée, un certain nombre de pierres précieuses parfaitement taillées et parfaitement gravées.

Les figures 19 à 25 reproduisent quelques types de
cette époque reculée. Ils ont été dessinés sur les originaux
du musée égyptien du Louvre.

La figure 22 est à ce point de vue tout particulièrement remarquable, c'est une cornaline rouge portant des
caractères gravés avec la plus grande netteté. Tout porte
à croire que les moyens mis en œuvre par les anciens
Égyptiens pour graver les pierres dures ne différaient
pas sensiblement de ceux qu'on emploie aujourd'hui.

Les conquérants du Mexique trouvèrent, entre les mains
des Incas, une multitude de gemmes taillées et gravées
représentant des animaux et d'autre objets; d'après les
traditions de ces peuples, ces pierres remontaient à une
époque très reculée.

Parmi les documents anciens que nous possédons sur
les pierres précieuses, nous citerons d'abord ceux que
renferme la Bible.

A diverses reprises ce livre extraordinaire fait mention
des pierres précieuses: mais ce qu'il nous fournit de plus
remarquable, à ce point de vue, c'est la description du
pectoral du grand prêtre Aaron. Cet ornement portait
douze pierres précieuses dont chacune était dédiée à
l'une des douze tribus d'Israël.

Nous reproduisons ici la disposition que les interprètes
ont assignée à ces douze pierres, et les noms et les correspondances de chacune d'elles.

DISPOSITION DES DOUZE PIERRES DU RATIONAL D'AARON

d'après l'opinion des plus célèbres rabbins.

Primus Ordo.	1 Oden. *Cornaline.* RUBEN.	2 Phideth. *Topâze.* SIMÉON.	3 Barcketh. *Émeraude.* LÉVI.
Secun-dus Ordo.	4 Nophecth. *Rubis.* JUDA.	5 Saphir. *Saphir.* ISSACHAR.	6 Jaolam. *Diamant.* ZABULON.
Tertius Ordo.	7 Leschem. *Hyacinthe.* DAN.	8 Schebo. *Agate.* NEPHTALI.	9 Achlamah. *Améthyste.* GAD.
Quartus Ordo.	10 Tarschisch.*Chrysolithe.* ASER.	11 Schoham. *Sardoine.* JOSEPH.	12 Jaspeh. *Jaspe.* BENJAMIN.

Il est peine besoin de dire que les interprètes sont très loin d'être d'accord sur les noms modernes qui doivent correspondre aux termes hébreux. L'éloignement des temps, et surtout l'absence d'une description suffisante, ne permettent même pas d'espérer qu'on puisse jamais savoir, d'une manière exacte, à quelles gemmes se rapportent la plupart de celles dont la Bible fait mention.

L'Exode nous apprend encore que l'éphod d'Aaron était orné de deux onyx montés en or, sur lesquels étaient gravés les noms des douze tribus d'Israël.

Nous trouvons donc là une liste importante de pierres précieuses, mais surtout la preuve qu'à cette époque si reculée, les hommes savaient polir et même graver les pierres dures. Il n'y a là, du reste, rien d'étonnant, après ce que nous avons dit des Égyptiens.

On rencontre dans les livres de Job quelques notions de métallurgie, et les noms de quatre pierres précieuses.

Ce sont là des faits à citer, mais qui ne justifient nullement l'opinion des interprètes, qui ont voulu voir dans Job un grand métallurgiste, et qui n'ont pas craint de présenter les livres qu'on lui attribue comme une école de physique.

On retrouve encore dans la Bible les noms d'un certain nombre de pierres précieuses, les unes en prenant ce mot dans un sens moderne, les autres au moins assez rares, mais dont la correspondance avec les pierres actuelles n'a pu être établie d'une façon bien certaine. Il faut citer d'abord la pierre *dabir* qui, ajoutée plus tard au rational du grand prêtre, était, selon toute probabilité, analogue à celles qui s'y trouvaient déjà. On rencontre ensuite la pierre *abel* ou *abela*, sur laquelle on déposa l'arche, après qu'elle eut été rendue par les Philistins, la pierre de Top ou Tophis, qui lançait du feu, la pierre de Moïse, d'où sortit l'eau dans le désert, et que le P. Roxo dit sérieusement exister dans l'église de Saint-Marc à Venise; la pierre *betyle* sur laquelle dormit Jacob.

Nous arrivons, sept cents ans après Moïse, au règne de Salomon qui, comme on le sait, fit construire le fameux temple de Jérusalem. Il est bien probable que certaines parties devaient être ornées de pierreries, cependant le livre consacré à sa description n'en fait pas mention.

Deux autres productions extrêmement remarquables, composées moins d'un siècle après Salomon, l'*Iliade* et l'*Odyssée*, nous font connaître plusieurs faits métallurgiques du plus haut intérêt. La description du bouclier d'Achille, et celle de la corbeille dont Alexandra fit présent à Hélène, nous révèlent une industrie déjà très avancée. Homère montre aussi au nombre des objets qui composent la parure de Junon de brillantes pierres précieuses. C'est, du reste, un fait parfaitement connu que les Grecs se servaient de pierres précieuses gravées pour leurs sceaux. Plusieurs intailles grecques sur turquoises, onyx et même sur rubis sont arrivées jusqu'à nous, comme on le verra dans le chapitre IV.

Dès les premiers temps de son apparition sur la terre, l'homme a été sujet à la maladie et à la mort : c'est dire que la médecine est aussi ancienne que l'humanité.

Il est vraisemblable que les premiers médicaments ont été empruntés au règne végétal, et plus tard au règne animal. Quant aux substances minérales, on ne songea à les employer en médecine que beaucoup plus tard. C'est seulement, en effet, quelques années après la prise de Troie, qu'on vit apparaître les premiers essais de médecine empirique dans lesquels figurent des produits minéraux.

On avait cru remarquer que certaines terres, généralement alumineuses, administrées de diverses façons, produisaient sur les malades des effets salutaires, ce qui, dans certains cas, pouvait être vrai. On confectionna, avec ces terres, des bols qu'on vendait sous des noms divers, mais rappelant en général le lieu d'origine. L'idée fit son chemin, et l'emploi de ces bols prit une extension considérable. Ce fut alors que les prêtres des différentes divinités, qui savaient si bien exploiter l'ignorance publique au profit de leur influence et de leurs intérêts, s'emparèrent de la fabrication et de la vente exclusive de ces bols. Pour atteindre plus sûrement leur but, ils apposèrent un cachet spécial sur ces bols pendant qu'ils étaient encore malléables. C'est de là qu'est venue l'expression de *terre sigillée* (sigillum, cachet), appliquée à ces substances qui se trouvent encore aujourd'hui dans la plupart des pharmacies. L'une des plus célèbres était la terre de Lemnos, vendue par les prêtresses du temple d'Éphèse, et qui était marquée du sceau de la déesse Diane, une chèvre.

Aussitôt que les minéraux furent compris dans la classe des médicaments, ils acquirent une grande importance. Aussi est-ce surtout dans les écrits des médecins qu'on rencontre, à partir de l'époque dont nous parlons, les documents les plus utiles sur les minéraux et les pierres précieuses en particulier.

A côté de la minéralogie sacrée des Hébreux, de la minéralogie poétique, de la minéralogie médicale, il faut placer la minéralogie astronomique, dont l'origine remonte aux Chaldéens.

Le Maure Abolays nous a laissé le catalogue des pierres connues de cette nation. Elles étaient, en supprimant les redites, au nombre de 525. L'ouvrage d'Abolays, traduit par Jehuda Mosca, vers le milieu du treizième siècle, nous montre ces 525 pierres réparties entre les douze signes du zodiaque, suivant les rapports que l'on supposait exister entre les différentes pierres et chacune des constellations.

Plus tard, une seule pierre fut plus spécialement consacrée à chaque signe du zodiaque, et, par suite, à chaque mois de l'année.

Comme ces différentes pierres sacrées avaient, pour leur possesseur, une foule de propriétés bienfaisantes pendant que la constellation à laquelle elles appartenaient se montrait sur l'horizon, on trouva un moyen bien simple de rendre cette action permanente. On prit les douze pierres sacrées et on les disposa toutes dans une amulette. De cette façon celui qui la portait était toujours sûr d'avoir avec lui la pierre sacrée correspondante à la constellation visible, quelle que fût l'époque de l'année.

Voici le nom de ces douze pierres avec leurs correspondances :

Hyacinthe ou grenat	Verseau.	Janvier.
Améthyste.	Poissons.	Février.
Jaspe.	Bélier.	Mars.
Saphir	Taureau.	Avril.
Agate.	Gémeaux	Mai.
Émeraude.	Cancer	Juin.
Onyx. . . . . : .	Lion	Juillet.
Cornaline.	Vierge	Août.
Chrysolithe	Balance.	Septembre.
Aigue-marine	Scorpion.	Octobre.
Topaze	Sagittaire	Novembre.
Rubis.	Capricorne. . . .	Décembre.

Il est infiniment probable qu'il faut chercher dans les douze pierres du pectoral du grand prêtre d'Israël l'origine de cette superstition. Les Juifs du reste en avaient une autre bien plus extraordinaire encore, et qui montre bien comment les choses les plus manifestement fausses se maintiennent pendant un temps infini, quand elles se trouvent placées sous l'égide sacrée des idées religieuses. Ils croyaient que, le jour d'une de leurs fêtes, quand le grand prêtre demandait au Très-Haut la remise des péchés de toute la nation, si le pardon était accordé, certaines pierres sacrées paraissaient très brillantes, tandis que, si le pardon était refusé, elles devenaient noires.

Certainement ce n'était pas là une illusion de la nation juive. Il est évident que ces effets se produisaient, mais sans la nécessité d'une intervention de la Divinité. On comprend qu'il existait, pour obtenir ce résultat, une foule de moyens. Il suffisait, par exemple, de disposer d'une certaine façon les pierres par rapport au peuple et par rapport à la lumière qui les éclairait, à augmenter beaucoup, à diminuer ou même à supprimer cette lumière. Dans tous les cas, c'était un procédé aussi simple qu'ingénieux de maintenir complètement la nation dans la main du grand prêtre; mais il fallait avoir la foi robuste des anciens âges pour croire à l'origine surnaturelle de ces manifestations. Il est vrai que quand on songe à beaucoup d'autres choses que le lecteur voudra bien reconnaître en regardant autour de lui, nous n'avons peut-être pas le droit de condamner bien haut la croyance juive que nous venons de rappeler.

Hérodote, né 484 ans avant Jésus-Christ, cinq siècles après Homère, nous a laissé un grand nombre de documents, souvent très précieux, sur les substances minérales connues à son époque ; mais on ne rencontre dans ses récits aucune nouvelle substance appartenant à la classe des pierres précieuses.

Dans les poèmes d'Orphée, attribués aussi à Onomacrite et qui, dans tous les cas, remontent à 450 ans avant Jésus-Christ, on trouve déjà la preuve que les Grecs attribuaient aux pierres précieuses des propriétés surnaturelles.

Dans le siècle suivant, Platon, dont la vaste intelligence embrassa tant d'idées supérieures, fut amené à examiner l'origine des pierres précieuses. Il admit que, véritables êtres vivants, elles étaient produites par une espèce de fermentation déterminée par l'action d'un esprit vivifiant descendant des étoiles. Il décrivit le diamant, qu'il distinguait déjà des autres pierres précieuses, comme étant un noyau formé dans l'or, et supposa que c'était la partie la plus noble et la plus pure qui s'était condensée en une masse transparente.

Aristote, né juste un siècle après Hérodote, ne s'occupe qu'incidemment des minéraux à la fin de ses quatre livres des météores, et ne fournit sur eux aucune lumière nouvelle.

Théophraste, disciple d'Aristote, a écrit un traité sur les pierres, dont une partie seulement nous est parvenue. Malgré les lacunes considérables qu'il présente et dont les unes sont l'œuvre du temps, et les autres dues à l'auteur, on voit figurer dans Théophraste un certain nombre de substances minérales importantes inconnues jusqu'à lui.

On trouve aussi dans cet écrivain une idée qui, prise en soi, est tout à fait singulière : il divise les pierres en deux catégories, les pierres mâles et les pierres femelles : mais en se reportant à ce que nous avons dit plus haut, il n'y a là rien qui ne soit en harmonie avec les idées générales des anciens.

Malgré la grande valeur des écrits de Dioscoride, qui vivait dans le premier siècle de notre ère, ils ne nous fournissent, au point de vue minéralogique, aucun document important. Mais à un autre point de vue ils nous intéressent vivement, puisque c'est lui qui a surtout développé cette idée que les pierres précieuses possèdent une multitude de vertus secrètes, idée admise sans contestation par tous ses successeurs jusqu'à une époque très rapprochée de nous, et qu'on trouve même encore aujourd'hui répandue parmi les habitants des régions montagneuses de l'Espagne et de l'Arabie.

Mais, peu d'années après Dioscoride, nous voyons apparaître une œuvre hors de toute comparaison avec ce qu'on avait fait jusque-là, l'*Histoire naturelle* de Pline Dans cette œuvre, l'une des plus précieuses que nous ait léguées l'antiquité, on trouve un chapitre exclusivement consacré aux pierres précieuses. Nous aurons l'occasion d'y revenir dans les chapitres suivants.

A partir de Pline, il faut franchir dix siècles et arriver aux Arabes pour voir apparaître des documents nouveaux sur les minéraux et les pierres précieuses.

C'est dans les écrits de Gerbert et d'Avicenne qu'on les rencontre tout d'abord.

Ce dernier acquit de son vivant une réputation immense, et, bien qu'elle fût due autant à son savoir-faire qu'à sa science, elle se maintint sans rivale pendant plusieurs siècles.

On trouve dans les écrits d'Avicenne un traité sur les pierres qui renferme des résultats d'une grande importance. Le chapitre consacré à l'origine des montagnes mérite surtout d'être signalé. C'est là, en effet que le savant arabe, tout en conservant la forme hypothétique, expose, avec une grandeur de vue et une clarté extraordinaires, la théorie des soulèvements, celle du neptunisme, du plutonisme et le mode de formation des alluvions, en devançant ainsi de huit siècles les résultats de la science moderne.

Deux cents ans après Avicenne apparut l'une des plus grandes figures du moyen âge, Albert le Grand.

Parmi les immenses travaux que nous devons directement à cet homme de génie, ou du moins à son initiative et à sa direction, il faut citer ici un *Traité des minéraux* dont notre illustre chimiste, M. Dumas, a dit : « Ce qui caractérise le traité *De rebus metallicis*, c'est l'exposition savante, précise et souvent élégante des opinions des anciens ou de celle des Arabes : c'est leur discussion raisonnée où se décèle l'écrivain exercé en même temps que l'observateur attentif[1]. »

C'est dans ce traité qu'Albert le Grand s'occupe des pierres précieuses. Tout en faisant une part considérable aux propriétés extraordinaires de ces belles productions, il fait connaître avec soin un certain nombre d'entre elles, et indique des méthodes permettant d'obtenir plusieurs pierres précieuses fausses.

Une autre grande gloire du moyen âge, l'ami et le disciple d'Albert le Grand, saint Thomas d'Aquin, dont les prodigieux travaux surpassent encore en étendue

1. Dumas, *Philosophie chimique*, p. 22. Paris, 1832.

ceux de son maître, a écrit un traité de la *Nature des minéraux* dans lequel on rencontre quelques passages très curieux, notamment sur la fabrication artificielle des pierres précieuses. Nous y reviendrons dans le chapitre IX.

En parcourant les écrits d'Arnault de Villeneuve, de Raymond Lulle, de Paul de Canotanto, d'Isaac le Hollandais, etc., on rencontre un certain nombre de documents sur les minéraux et les pierres précieuses; mais ils n'offrent rien de nouveau à signaler. On atteint ainsi la fin du quinzième siècle et on sort du moyen âge.

Au seuil de la Renaissance on trouve un homme singulier, Jérôme Cardan (né en 1501), qui nous fournit de précieuses indications. Plusieurs ouvrages de Cardan, publiés après sa mort, renferment certainement une foule de choses bien extraordinaires; mais dans son traité *de la Subtilité* que nous avons étudié avec soin, on trouve beaucoup d'idées qui attestent chez leur auteur une grande intelligence et, sous des dehors *bonhomme*, une véritable sagacité.

Cardan désigne sous le nom générique de pierres gemmes toutes les pierres brillantes, et réserve le nom de pierres précieuses pour celles qui sont rares et de petites dimensions. Il divise ensuite les pierres précieuses en trois classes : 1° celles qui sont brillantes et transparentes, le diamant; 2° celles qui sont opaques comme l'onyx; 3° celles qui sont formées par la réunion des deux précédentes, comme le jaspe, etc.

C'est, à très-peu de chose près, la classification employée par Caire trois siècles après Cardan.

D'après notre auteur, les pierres précieuses sont engendrées par les sucs qui distillent des pierres dans les cavités des rochers « de la même manière que l'enfant est engendré du sang maternel ». Le diamant, l'émeraude, l'opale procèdent de l'or, le saphir de l'argent, l'escarboucle, l'améthyste, le grenat, du fer.

Cardan énumère ensuite les défauts que peuvent présenter les pierres précieuses, et à ce sujet il fait une réflexion remarquable.

Dans les pierres précieuses, dit-il, les défauts sont en réalité moins communs que dans les animaux et les végétaux, et cependant elles semblent plus rarement que ces derniers en être dépourvues. C'est que les défauts sont d'autant plus apparents dans les pierres précieuses qu'elles sont plus brillantes et plus rares. La même raison fait que les hommes savants nous paraissent avoir plus de vices que le commun des mortels ; mais c'est là une illusion et une erreur. La splendeur de leurs noms et l'éclat de leur renommée rendent seulement leurs défauts beaucoup plus apparents, tandis que le populaire ignorant dissimule ses vices à la faveur de son obscurité.

Il faut remarquer que Cardan, qui avait mené la vie la plus désordonnée, défendait surtout sa propre cause en défendant celle des savants en général.

On admettait encore complètement, au temps de Cardan, que les pierres précieuses étaient des êtres vivants.

« Et non-seulement les pierres précieuses vivent, mais elles souffrent la maladie, la vieillesse et la mort. »

Il parle ensuite des diverses propriétés des pierres précieuses.

L'hyacinthe préserve du tonnerre, de la peste et fait dormir. Cette dernière qualité lui avait déjà été attribuée par Albert le Grand. Sans rejeter précisément ces idées, Cardan nous dit qu'il porte ordinairement une pierre d'hyacinthe même très grande, et qu'il ne s'est jamais aperçu qu'elle contribuât à le faire dormir. Il ajoute aussitôt, il est vrai, avec une naïveté parfaite, que son hyacinthe n'a pas la couleur du véritable et qu'il doit être loin du très bon. On admettait encore que l'hyacinthe faisait devenir riche, augmentait la puissance, fortifiait le cœur, portait la joie dans l'âme, etc.

Il parle ensuite de la turquoise qui, montée dans un anneau, préserve le cavalier de tout accident, s'il vient à tomber de cheval; mais il se hâte d'ajouter : « J'ai une belle turquoise dont on m'a fait cadeau, seulement il ne m'est jamais venu à l'idée d'essayer son pouvoir, et je n'ai garde, pour l'expérimenter, de faire une chute de cheval. »

Le saphir, dit encore Cardan, possède un grand nombre de propriétés et en particulier celle de guérir la mélancolie. C'est bien possible. On assure qu'à notre époque le saphir et les autres pierres précieuses ne sont pas absolument dépouillées de cette propriété. On cite même des cures instantanées obtenues par l'exhibition faite à propos de l'une de ces belles productions.

Ces quelques exemples suffisent pour donner une idée des propriétés attribuées aux pierres précieuses par l'antiquité ou le moyen âge. Nous les compléterons par la remarquable appréciation suivante, empruntée à M. Babinet :

« Pour toutes les cures de maladies nerveuses et morales, où l'imagination peut avoir une grande influence, les gemmes étaient certes un remède souverain. En disant à un malade qu'une émeraude placée sous le chevet de son lit devait le guérir de l'hypocondrie, éloigner le cauchemar, calmer les palpitations du cœur, égayer l'imagination, apporter la réussite dans les entreprises, dissiper les peines de l'âme, on était sûr du succès par la croyance seule du malade à l'efficacité du remède. L'espérance de la cure dans ces affections est la cure elle-même, et, dans toutes les nombreuses circonstances où le moral a eu de l'influence sur le physique, la cause imaginaire devait produire un effet très réel. Enfin, cette éternelle déception de l'esprit humain, qui n'enregistre que les guérisons et qui ne met pas en ligne de compte tous les cas où les moyens curatifs ont manqué le but, contribue à maintenir la croyance aux vertus occultes des pierres précieuses. Il n'y a pas un demi-siècle que l'on envoyait encore emprunter dans les familles riches des pierres montées en anneaux pour les appliquer sur les parties malades. Quand le bijou devait être introduit dans la bouche pour cause de mal de dents, de mal de gorge ou de mal d'oreille, on avait soin de le retenir par une ficelle assez forte, pour éviter qu'il ne fût avalé par le malade.

« Il est inutile de dire qu'aujourd'hui si l'on demande ce que sont devenues toutes ces croyances incontestables pour nos pères, on répondra qu'elles sont allées, avec les influences lunaires, si puissantes au temps de Louis XIV, prendre place dans le magasin immense des erreurs de l'esprit humain. »

Il nous reste maintenant à dire quelques mots de l'ordre que nous avons suivi dans la description particulière des pierres précieuses.

Malgré toutes les discussions auxquelles on s'est livré à ce sujet, et le grand nombre de classifications présentées par les différents auteurs qui se sont occupés de la question, il n'existe et ne peut exister de classification générale et naturelle des pierres précieuses. Et la raison en est bien simple : ces substances étant ce qu'on peut appeller des *cas particuliers* dans la nature, il n'est pas possible de les ranger en *série*. En prenant un ou quelques-uns de leurs caractères généraux, la forme cristalline, la réfraction simple ou double, la composition, la valeur commerciale relative, etc., le géomètre, le physicien, le chimiste, le commerçant pourront facilement établir une classification qui réponde plus ou moins

4

complètement à leur but; mais ce ne sera pas une classification naturelle.

Sans discuter ni critiquer les différentes méthodes proposées, nous adopterons dans ce livre la classification basée sur la composition chimique des corps dont nous aurons à nous occuper. C'est, sans aucun doute, celle qui convient le mieux au travail actuel tel que nous l'avons conçu.

Que l'on place en effet sur une table un échantillon de chacune des pierres précieuses aujourd'hui connues, on pourra les séparer immédiatement, à l'aide de la composition chimique, en trois groupes parfaitement tranchés et d'ailleurs tout à fait inégaux à tous les points de vue.

Le premier ne comprend qu'une seule pierre; le charbon est son principe constituant : c'est le diamant.

Le deuxième, de beaucoup le plus important, renferme les pierres à base d'alumine, les saphirs, les rubis, les topazes, les émeraudes, etc.

Le troisième comprend les pierres à base de silice, les opales, les agates, etc.

Ainsi charbon, alumine et silice, voilà dans l'ordre d'importance les trois substances qui fournissent aux pierres précieuses la presque totalité de leurs principes constituants.

Les trois chapitres suivants seront consacrés à l'histoire des pierres précieuses comprises dans chacune de ces trois divisions.

Avant d'aborder cette étude, nous devons ici expliquer deux expressions qu'on emploie encore beaucoup aujourd'hui quand il s'agit de pierres précieuses; ce sont celles de *pierres orientales* et *pierres occidentales*.

Primitivement on appliquait ces mots dans leur sens littéral, et, par suite, on croyait que les pierres précieuses de premier ordre ne se rencontraient jamais que dans les contrées de l'Orient. Il suffit de lire les livres des anciens et ceux du moyen âge pour trouver partout cette opinion, et les raisons, naturellement fantastiques, à l'aide desquelles on prétendait les justifier.

Ces deux expressions restées dans le langage commercial n'indiquent plus les lieux de provenance des pierres auxquelles on les applique, mais simplement la distinction à établir entre les deux catégories de valeurs très inégales existant généralement pour chaque genre de pierre précieuse. Dans chaque genre l'espèce qui a la plus grande valeur est appelée *orientale;* celle qui a la plus petite valeur est l'espèce *occidentale,* quels que soient d'ailleurs, dans les deux cas, les lieux de provenance.

III

Le diamant qui, depuis longtemps, occupe le premier
rang parmi les pierres précieuses, a été connu dès la
plus haute antiquité.

Le nom *adamas* que les Grecs lui avaient donné se
retrouve aujourd'hui plus ou moins altéré, mais toujours
reconnàissable, dans la plupart des langues de l'Europe
et, par suite, de l'Amérique pour désigner cette gemme.

Ce mot *adamas* signifie dans la lange grecque *in-
domptable*. La dureté excessive du diamant justifie parfaitement cette dénomination; mais nous voyons, par la
lecture des ouvrages de l'antiquité, que les anciens, procédant par induction, avaient prêté au diamant plusieurs
autres propriétés qu'il ne possède nullement, celle de ne
pouvoir s'échauffer sous l'action du feu, et surtout celle
de résister sans se briser au choc du marteau. C'est ce
que nous enseignent Lucrèce et Pline, pour ne pas remonter plus haut.

> . . . . adamantina saxa
> Prima acie constant, ictus contemnere sueta.

L'essai de tous ces diamants, dit Pline, se fait sur une

Fig. 26. — Vue d'un district diamantifère du Brésil.

enclume, à coups de marteau ; et ils repoussent tellement le fer qu'ils le font sauter de côté et d'autre, et que l'enclume se casse même quelquefois[1]. »

On voit par là, d'une manière d'autant plus évidente que la question est plus restreinte, comment les erreurs les plus faciles à détruire se maintiennent vivantes à travers de longues suites de siècles toutes les fois qu'une classe suffisante d'hommes est intéressée à leur conservation. Qu'avaient à faire les anciens pour s'assurer que le diamant se brise et même assez facilement sous le choc du marteau? Ce que font journellement les lapidaires modernes pour se procurer de l'égrisée. Mais il aurait fallu pour cela *sacrifier* un diamant et, dès lors, perdre le prix qu'on avait mis à son achat ; c'eût été, en outre, dépouiller le diamant d'une propriété admise par tout le monde comme réelle, et, par suite, diminuer la valeur de ce corps.

Cette opinion des anciens s'est maintenue pendant très longtemps. Ainsi, en 1476, après la bataille de Morat, les Suisses s'étant emparés de la tente de Charles le Téméraire, y trouvèrent, entre autres richesses, un certain nombre de diamants. Pour s'assurer, ils le croyaient du moins, que ces pierres étaient de vrais diamants, ils les frappèrent à coups de marteau et de hache, persuadés qu'ils devaient résister s'ils étaient véritables, et nécessairement ils les mirent en pièces.

Les diamants les plus anciennement connus des Romains paraissent avoir été fournis par l'Éthiopie ; mais, bien avant l'époque à laquelle écrivait Pline[2], on les ti-

---

1. Pline, *Hist. natur.*, livre XXXVII.
2. On sait que Pline périt, l'an 79 de notre ère, victime de son dévouement pour la science en observant l'éruption du Vésuve. Voir à ce sujet l'excellent livre de MM. Zurcher et Margollé : *Volcans et tremblements de terre.* (Collection de la *Bibliothèque des merveilles*.)

rait déjà de l'Inde. Jusqu'au dix-huitième siècle on ne
connut de mines de diamants qu'aux Indes, dans l'empire
du Mogol et dans l'île de Bornéo. Mais, à cette époque,
la découverte de terrains diamantifères au Brésil, dans la
province de Minas Géraès, après avoir, il est vrai, jeté
une profonde perturbation dans le commerce des diamants, changea complètement cet état de choses. Aujourd'hui c'est le Nouveau Monde qui fournit presque
exclusivement les diamants au commerce européen,
surtout depuis la découverte des mines de Bahia, qui,
pendant un certain temps, ont été extrêmement riches.

En 1839, on avait signalé la présence du diamant
dans l'Oural, mais depuis lors il n'en a plus été question.
On en a également rencontré quelques indices dans la
Caroline du Sud et dans nos possessions françaises
d'Afrique.

On trouve quelquefois le diamant isolé de toute substance étrangère. Il est alors très brillant, mais c'est là
l'exception. Généralement il est recouvert d'une croûte
opaque, dure, appelée *cascalho*, et qui ne permet pas à
la lumière de se transmettre. Il est bien probable qu'elle
est tout à fait étrangère au diamant, non seulement par
sa nature, mais aussi par son origine.

Les diamants se rencontrent le plus souvent dans des
sables, des alluvions provenant de la désagrégation de
roches anciennes qui ont été transportées par les eaux à
des distances souvent assez grandes des lieux où elles
auraient primitivement été formées.

Pour extraire les diamants dans les mines de cette
nature, on a longtemps procédé de la façon suivante :
On transportait les sables et les terres diamantifères dans
un espace entouré de murs percés de petites ouvertures
à la partie inférieure, et on versait sur ces sables de l'eau
qui entraînait les parties les plus fines. Si les dépôts

Fig. 27. — Premier lavage des sables diamantifères au Brésil.

exploités étaient très sableux, une seule opération suffisait. Mais s'ils étaient mêlés avec des quantités notables
d'argile ou de terres analogues, il fallait, quand le lavage
n'enlevait plus rien, laisser complètement sécher le
résidu et le battre ensuite à plusieurs reprises avec des
pilons de bois, puis le traiter, dans un appareil tout à fait
analogue au van qui sert pour les céréales, de manière à
isoler le plus possible les parties fines qui, ne renfermant
rien de précieux, auraient singulièrement gêné la recherche définitive du diamant. Nous reproduisons, d'après
un dessin original, une vue d'un district diamantifère
du Brésil (fig. 26).

Aujourd'hui, de grandes compagnies, disposant de
capitaux considérables, exploitent les mines de diamants.
Des appareils de lavage et de séparation, à la hauteur des
progrès de l'industrie contemporaine, ont remplacé les
anciennes méthodes, mais le but à atteindre est toujours
le même : concentrer dans un résidu sableux et aussi
petit que possible la totalité des diamants renfermés
dans les dépôts traités. Nous donnons la vue d'un
district diamantifère du Brésil où s'exécute un premier
lavage (fig. 27).

Les ouvriers étendent ces résidus sur une aire et,
commençant à une extrémité, ils s'avancent lentement
vers l'autre, de manière à ce que tout le sable leur passe
entre les mains.

La surveillance devient alors extrêmement rigoureuse,
car, si les ouvriers peuvent dérober un diamant, ils n'y
manquent pas, et, malgré toute l'attention des agents,
il se produit encore bon nombre de soustractions.

Pour arriver à ce but, les travailleurs ne reculent devant rien. Aussi l'un des moyens les plus ordinaires,
employés par eux, consiste à avaler les diamants qu'ils
rencontrent. Tavernier a vu, dans l'une des mines de

l'Inde, un pauvre diable qui, pour s'approprier un diamant, l'avait enfoncé, de manière à le dissimuler complètement, dans le coin de son œil. Or, comme ce diamant
était du poids de deux carats, qu'il était, selon toute
probabilité, entouré d'une certaine quantité de gangue,
il avait au moins les dimensions de la figure suivante :

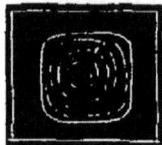

Fig. 28. — Dimensions d'un diamant caché par un nègre
dans le coin de son œil.

Bien que les mines de l'Inde aient cessé d'envoyer
leurs produits en Europe depuis l'exploitation sur une
grande échelle des gisements de l'Amérique, l'Orient
n'en reste pas moins digne de toute notre attention dans
la question qui nous occupe, puisque tous les beaux
diamants aujourd'hui connus (l'Étoile du Sud exceptée)
sont venus de ces contrées.

Nous empruntons tout ce que nous allons dire sur les
diamants de l'Inde, au Voyage si remarquable et si précis de Tavernier[1], en citant, autant que nous le pourrons,
le texte même de l'auteur.

« La première des mines où je fus est sur le territoire
du roi de Visapour, dans la province de Carnatica, et le
lieu s'appelle Raolconda, à cinq journées de Golconda et
à huit ou neuf de Visapour.

« Il n'y a que deux cents ans environ que cette mine
a été découverte.

« Tout autour du lieu où se trouve le diamant, la terre
est sableuse et pleine de rochers et de taillis à peu près

1. *Voyage en Turquie, en Perse et aux Indes* (1679).

comme aux environs de Fontainebleau. Il y a dans ces rochers plusieurs veines, tantôt d'un demi-doigt, et tantôt d'un doigt entier, et les mineurs ont des petits fers crochus par le bout, lesquels ils fourrent dans ces veines pour en tirer le sable ou la terre qu'ils mettent dans des vaisseaux, et c'est ensuite parmi cette terre qu'on trouve le diamant. Mais, parce que ces veines ne sont pas toujours droites, et que tantôt elles montent et tantôt elles baissent, ils sont contraints de casser ces rochers en suivant néanmoins la trace des veines.

« Après qu'ils les ont toutes montées et qu'ils ont ramassé la terre ou le sable qui y peuvent être, alors ils se mettent à les laver par deux ou trois fois, et cherchent parmi cette terre ce qu'il peut y avoir de diamants. C'est à cette source où se trouvent les pierres les plus nettes et les plus blanches d'eau. Mais le mal est que, pour tirer plus aisément le sable de ces roches, ils donnent de si grand coups d'un gros levier de fer que cela *étonne* le diamant et y met des glaces.

« A sept jours de Golconde, tirant droit au levant, il y a une autre mine de diamant, appelée Garri dans la langue du pays et Coulour en langue persienne.

« Il n'y a que cent ans que cette mine a été découverte par un pauvre paysan qui bêchait. »

La troisième mine visitée par Tavernier se trouve dans le royaume de Bengala; elle est située près d'un gros bourg appelé Soumelpour, mais, en réalité, cette mine n'est autre chose que le lit même de la rivière de Gouel.

Pendant la saison des pluies, la rivière entraîne beaucoup de sable diamantifères qui se déposent dans les parties moins inclinées, comme aux environs de Soumelpour, mais il est très probable que les diamants sont pris par les eaux au milieu des montagnes, loin des lieux où on les recueille.

Tavernier, parlant des moyens de visiter les mines et de la manière dont se fait le commerce des diamants, nous trace un tableau qui ne répond nullement à ce qu'on lui avait dit en Europe avant son départ, et, quand on a lu son récit, on reste très convaincu que les commerçants banians[1] et même les représentants du roi sont d'assez honnêtes gens. Sans doute les marchands indiens font tout ce qu'ils peuvent pour dissimuler les défauts de leur marchandise. Ainsi une pierre montre-t-elle une glace un peu apparente, « ils se mettent à la cliver, c'est-à-dire à la fendre, ce à quoi ils sont beaucoup plus stylés que nous ». S'il y a quelques petites glaces en quelques points, ou quelque petit sable noir ou rouge, ils couvrent toute la pierre de facettes, afin qu'on ne voie pas les défauts qu'elle a, et, s'il y a quelques glaces plus petites, ils couvrent cela de l'arête d'une des facettes. »

Parmi les habitudes et les faits curieux racontés par Tavernier nous citerons les deux suivants :

« Un jour, sur le soir, un banian, assez mal couvert, n'ayant qu'une ceinture autour de son corps et un méchant mouchoir sur la teste, vint m'aborder civilement et s'asseoir auprès de moy. En ce païs-là on ne prend pas garde au vêtement, et tel qui n'a qu'une méchante aune de toile autour de ses reins ne laisse pas quelquefois de tenir cachée une bonne partie de diamants. Je fis de mon côté civilité au banian, et, après qu'il eut esté quelque temps assis, il me fit demander par mon trucheman si je voulais acheter quelques rubis. Le trucheman dit qu'il me les falloit montrer, et alors il tira quantité de petits drapeaux de sa ceinture, dans lesquels il y avoit environ une vingtaine d'anneaux de rubis. Après les avoir bien regardez, je lui fis dire que cela estoit trop petit pour moy

1. On désigne sous ce nom la caste commerçante parmi les Hindous.

et que je cherchois de grandes pierres. Néanmoins, me
ressouvenant que j'avois esté prié d'une dame d'Ispa-
han de lui apporter un anneau de rubis d'environ une
centaine d'écus, j'achetay un de ces anneaux qui me coûta
à peu près quatre cents francs. Je sçavois bien qu'il n'en
valoit pas plus de trois cents; mais je hasarday volontiers cent francs de plus dans la croyance que j'eus qu'il
n'étoit pas venu me trouver pour ces rubis seulement, et
jugeant bien à sa mine qu'il désiroit estre seul avec moi
et mon trucheman pour me montrer quelque chose de
meilleur. Comme le temps de la prière des mahométans
approchoit, trois des serviteurs que le gouverneur m'a-
voit donnés s'y en allèrent, et le quatrième, demeurant
pour me servir, je trouvay le moyen de m'en défaire en
l'envoyant pour nous aller chercher du pain, où il de-
meura assez longtemps, car tout le peuple de ce pays-là
estant idolâtre, ils se contentent de ris sans manger de
pain, et quand on en veut avoir, il le faut faire venir
d'assez loin, d'une forteresse du roy de Visapour où il n'y
a que des mahométans. Ce banian se voyant donc seul avec
moi et mon trucheman, après avoir fait beaucoup de
façons, tira sa toque et détortilla ses cheveux qui, selon
la coutume, estoit liez sur sa teste. Alors je vis sortir de
ses cheveux un petit morceau de linge, où estoit enveloppé un diamant pesant 48 1/2 de nos carats, de belle
eau, formé d'un cabochon, les trois quarts de la pierre
nets, hormis un petit chevron qui estoit à costé et qui
paroissoit aller un peu avant dans la pierre, l'autre quart
n'estoit que glaces et points rouges.

« Comme je considérois la pierre, le banian, voyant
l'attention que j'y apportois : « Ne vous amusez pas, me
dit-il, à la regarder maintenant, vous la verrez demain
matin à loisir quand vous serez seul. Quand un quart
de jour sera passé (c'est ainsi qu'ils parlent), vous me

trouverez hors·du bourg, et si vous voulez la pierre,
vous m'apporterez l'argent, » et il me dit alors ce qu'il
en vouloit. Car il faut remarquer en passant, qu'après
ce quart de jour les banians, tant hommes que femmes,
rentrent dans la ville ou le bourg où ils demeurent,
estant allez dehors tant pour satisfaire aux nécessités
ordinaires de la nature et pour se laver ensuite le corps
que pour les prières que leurs prestres leur font faire.
Le banian m'ayant marqué ce temps-là, parce qu'il ne
vouloit pas que personne nous vît ensemble, je ne man-
quay pas de l'aller trouver et de luy porter la somme
qu'il avoit demandée, à la réserve de deux cents pagodes
que je mis à part, Mais enfin, après m'estre un peu dé-
battu du prix, il fallut que je lui donnasse encore cent
pagodes. A mon'retour à Surate, je vendis la pierre à
un commandeur hollandois sur lequel j'eus un profit
honneste.

« Trois jours après avoir acheté cette pierre, il me
vint un messager de Golconda de la part d'un apoticaire
nommé Boëté. Je l'avois laissé à Golconda pour recevoir
et garder une partie de mon argent, et au cas que le
Chercef payât en roupies, pour les changer en pagodes
d'or[1]. Le lendemain qu'il eut reçu le payement, il lui
prit un si grand dévoiement du ventre qu'il en mourut
dans peu de jours. Par la lettre qu'il m'écrivoit, il me
faisoit sçavoir sa maladie, et qu'il avoit receu mon argent,
qui estoit tout dans une chambre dans des sacs cachetés;
mais qu'il ne croyoit pas vivre plus de deux jours,
m'exhortant de hâter mon retour parce qu'il ne croyoit
pas que mon argent fût bien en sécurité entre les mains
des serviteurs que je lui avois laissez. Si tost que j'eus
receu cette lettre, je fus voir le gouverneur pour prendre

1. D'après les indications de Tavernier, le poids de la pagode d'or était
le même que celui de la demi-pistole de France.

congé de luy; de quoi il fut étonné et me demanda si j'avois employé tout mon argent. Je luy répondis que je n'en avois pas employé la moitié, et que j'avois bien encore vingt mille pagodes. Il me dit que, si je voulois, il me les feroit employer, et qu'aucunement je ne perdrois rien sur ce qu'il me feroit acheter. De plus il me demanda si je voulois lui faire voir mon achat, bien qu'il ne l'ignorât pas, parce que ceux qui vendent sont obligés de luy déclarer tout, à cause des deux pour cent qui sont deus au roy par ceux qui acheptent. Je lui montray donc ce que j'avois acheté, et lui dis ce que tout m'avoit coûté, ce qui se rapporta au livre du banian qui reçoit les droits du roy. En même temps, je lui payay le deux pour cent pour les droits du roy, ce qu'ayant receu, il me dit qu'il voyoit bien que les Frangins estoient gens de bonne foy. Il en fut encore mieux persuadé, lorsque, tirant la pierre de $48\frac{1}{2}$ carats : Seigneur, luy dis-je, cela n'est point sur le livre des banians, et il n'y a personne dans le bourg qui ait sceu que je l'ai achetée, ny toy-même ne l'aurois jamais sçû, si je ne te l'avois dit. Je ne veux pas frauder les droits du roy, voilà ce qui lui revient selon ce que m'a coûté la pierre. Le gouverneur parut fort surpris, et tout ensemble fut édifié de mon procédé; il m'en loüa fort, et me dit que c'estoit agir en honneste homme, et qu'il n'y auroit aucun marchand du païs, ni mahométan, ni idolâtre, qui en useroit de même, quand il croiroit qu'on ne sçauroit rien de ce qu'il auroit acheté. Sur cela il fit venir les plus riches marchands du lieu, et leur ayant raconté la chose, leur commanda d'apporter les plus belles pierres qu'ils pouvoient avoir; ce que trois ou quatre firent, et ainsi j'employay mes vingt mille pagodes dans une heure ou deux. »

Le second fait que nous allons citer est non seulement en dehors des habitudes, mais très probablement des aptitudes des peuples européens. Il nous montre en effet que les principaux négociants qui, dans l'Inde, réunissent d'abord les diamants, sont des enfants dont le plus âgé n'a pas plus de 16 ans.

« Il y a du plaisir à voir venir tous les matins les jeunes enfants de ces marchands et d'autres gens du pays, depuis l'âge de 10 ans jusqu'à l'âge de 15 ou 16 ans, lesquels vont s'asseoir sous un gros arbre qui est dans la place du bourg. Chacun a son poids de diamant dans un petit sac pendu à un de ses costés, et de l'autre, une bourse attachée à sa ceinture, où il y a tel qui aura dedans jusqu'à six cents pagodes d'or. Ils sont là assis en attendant que quelqu'un leur vienne vendre quelques diamants, soit du lieu même ou de quelque autre mine. Quand on leur apporte quelque chose, on le met entre les mains du plus âgé de ces enfants, qui est comme le chef de la bande; il regarde ce que c'est et, le mettant dans la main de celui qui est auprès de lui, cela va de main en main jusqu'à ce qu'il revienne à la sienne, sans qu'aucun d'eux dise un mot. Il demande ensuite le prix de la marchandise pour en faire le marché s'il est possible, et si par hasard il l'achète trop cher, c'est pour son compte. »

Le soir venu, tous ces enfants font une réunion de tout ce qu'ils ont acheté et, après, regardent leurs pierres et les mettent à part selon leurs eaux, leurs poids et leur netteté. Puis ils mettent le prix, sur chacune, à peu près comme elles se pourraient vendre aux étrangers, et, par ce dernier prix, ils voient combien il est plus haut que le prix de l'achat. Ensuite, ils les portent à ces gros marchands qui ont toujours quantité de pierres à assortir, et tout le profit est partagé entre ces enfants, celui-là seulement qui est le premier d'entre eux ayant un quart pour cent de plus que les autres. Tout jeunes qu'ils sont, ajoute Tavernier, ils savent si bien le prix de toutes les pierres que, si l'un d'eux a acheté quelque chose et qu'il veuille perdre demi pour cent, un autre lui rend son argent.

Le diamant est connu sous trois états moléculaires différents, formant une série graduée des plus remarquables. Il est *cristallisé, cristallin* et *amorphe.*

Le diamant *cristallisé* est le diamant par excellence, celui qui sert à la parure quand il a été taillé.

Le diamant cristallin ne peut se tailler ; il porte dans le commerce le nom de *bord* : on le réduit en poudre pour tailler les diamants cristallisés.

Le diamant amorphe, d'une couleur gris d'acier, est tout à fait opaque. Taillé, il n'aurait aucune utilité ; on le réduit en poudre comme le précédent. Il sert aux mêmes usages, bien que, à poids égal, il produise moins d'effet. Il est désigné dans le commerce sous le nom de *diamant carbonique, carbone* et *carbonate.*

Les diamants, dans l'état naturel, prennent le nom de *diamants bruts.* Le commerce principal de ces diamants a surtout pour marché Rio-de-Janeiro. C'est là que les mineurs viennent apporter, par lots, aux maisons françaises, anglaises et hollandaises qui y sont établies *ad hoc*, la presque totalité des *bruts* qui arrivent en Europe. On estime que le Brésil exporte annuellement pour vingt à vingt-cinq millions de francs de diamants bruts.

Le diamant se vend toujours au poids. L'unité de poids pour toutes les pierres précieuses est la *carat*, valant 4 grains des anciens poids, ce qui fait qu'en France le carat vaut en milligrammes $0^{gr},205,5$. Le carat est universellement employé dans le commerce de la joaillerie, mais il n'est pas rigoureusement le même dans tous les pays.

Brésil.	0^{gr},205,750
Angleterre. . . :	0^{gr},205,409
Hollande.	0^{gr},205,044
Espagne.	0^{gr},205,595

Le carat se divise en $\frac{1}{2}$, $\frac{1}{4}$, $\frac{1}{8}$, $\frac{1}{16}$, $\frac{1}{32}$, $\frac{1}{64}$, de carat. Le jeu de poids d'une balance de joaillier doit contenir depuis le poids de mille carats jusqu'à ces fractions.

La balance employée dans le commerce des pierreries est une simple petite balance qui se tient à la main, et, cependant, telle est l'habileté du lapidaire, dit M. Helphen, qu'à $\frac{1}{64}$, de carat près, la balance de l'essayeur ne le trouvera jamais en défaut.

Les diamants cristallisés bruts valent de 90 à 100 francs le carat pour les parties assorties de telle façon qu'elles ne renferment pas de diamants dont le poids soit supérieur à un carat. Au-dessus de ce poids, c'est une tout autre affaire.

En effet, une règle émise il y a près de deux cents ans, par Tavernier, et « que confirme généralement la pratique commerciale » (M. Helphen), est celle-ci : *les prix de deux diamants sont dans les mêmes rapports que les carrés de leurs poids.*

Ainsi, aujourd'hui, une pierre de belle eau, bien taillée, sans défauts, etc., du poids d'un carat, valant environ 500 francs, une pierre de *deux* carats vaudra *quatre* fois plus, c'est-à-dire 2,000 francs; une de *trois* carats vaudra neuf fois plus, c'est-à-dire 4,500 francs.

Malgré l'autorité si grande de M. Helphen, il est certain que la règle précédente, vraie au temps de Jeffries et de Tavernier, n'est plus applicable aujourd'hui.

Nous plaçons ici un tableau qui nous permettra d'établir l'exactitude de l'assertion précédente, et qui nous fournira quelques autres résultats remarquables. C'est un tableau donnant les prix des diamants, en 1606, en 1750, en 1865 en 1867.

VALEURS COMPARATIVES DES DIAMANTS EN 1606, 1750, 1865 ET 1867

POIDS	1606	1750	1865	1867
	fr.	fr.	fr.	fr.
Brillant de $\frac{1}{2}$ carat. . . .	»	»	137	151
— $\frac{3}{4}$ —	»	»	238	277
— 1 —	545	202	455	529
— 1 $\frac{1}{4}$ —	927	315	706	882
— 1 $\frac{1}{2}$ —	1,475	454	958	1,134
— 1 $\frac{3}{4}$ —	1.908	616	1,210	1,386
— 2 —	2,182	807	1,639	2,017
— 2 $\frac{1}{4}$ —	2,456	1,019	1,765	2,269
— 2 $\frac{1}{2}$ —	3.003	1.200	2,438	2,775
— 2 $\frac{3}{4}$ —	4,094	1,523	2.521	3,025
— 3 —	4,916	1,815	3,151	3,529
— 3 $\frac{1}{4}$ —	»	»	3,403	3,781
— 3 $\frac{1}{2}$ —	5,400	2,128	3,781	4,415
— 3 $\frac{3}{4}$ —	»	»	4,415	4,790
— 4 —	6,554	2,470	»	»
— 4 $\frac{1}{4}$ —	»	»	5,798	6,050
— 4 $\frac{1}{2}$ —	7,645	3,640	6,302	7,563
— 4 $\frac{3}{4}$ —	»	»	7,059	8,319
— 5 —	8,735	5,042	8,067	8,823

Les prix du tableau précédent se rapportent à des diamants de premier choix et sans aucun défaut. Ce sont, on le comprend, les seuls qui puissent servir à une comparaison comme celle que nous voulons établir.

On voit immédiatement que la règle de Tavernier est complètement en défaut. En effet, le diamant d'un carat valant 529 francs, un diamant de deux carats vaudrait quatre fois plus, c'est-à-dire 2,116 francs, tandis qu'il ne se vend que 2,017 francs; un diamant de trois carats vaudrait neuf fois plus, c'est-à-dire 4,761 francs, tandis qu'il ne se vend que 3,529 francs ; un diamant de *cinq* carats vaudrait vingt-cinq fois plus, c'est-à-dire 13,125 francs, tandis qu'il ne se vend que 8,823 francs. L'application de la règle de Tavernier conduirait, comme on le voit, à assigner aux diamants un prix bien supérieur à celui qu'ils ont réellement dans le commerce.

Un autre point qui frappe tout d'abord l'attention à l'inspection du tableau précédent, c'est l'abaissement extraordinaire du prix des diamants au milieu du dix-huitième siècle.

Enfin ce tableau nous montre encore que le prix des diamants était, *d'une manière absolue*, il y a deux cent soixante ans, à peu près le même qu'en 1867. Mais, en tenant compte de la grande différence dans la valeur de l'argent aux deux époques, on voit que le diamant était beaucoup plus cher au commencement du dix-septième siècle qu'il ne l'est aujourd'hui.

Les gros diamants sont excessivement rares. Les lapidaires et les amateurs estiment que, sur dix mille diamants, il s'en trouve à peine un du poids de dix carats, c'est-à-dire ayant les dimensions suivantes :

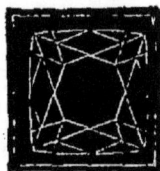

Fig. 29. — Dimensions d'un brillant de 10 carats.

Les anciens ne pouvaient même pas soupçonner la véritable nature du diamant. Pour avoir quelques notions à ce sujet, il fallait que les bases de la chimie moderne fussent établies, ou que, tout au moins, le phénomène complexe de la combustion eût reçu sa véritable explica-

.tion. Le diamant, le plus dur des corps alors connus, placé par l'ensemble de ses propriétés à la tête de la liste des *pierres* précieuses, devait nécessairement être considéré comme étant de la même nature qu'elles. C'est tout au plus s'il était permis de le regarder, ainsi qu'on l'a fait jusqu'au milieu du siècle dernier, comme la pierre formée de matières pure par excellence[1]. L'induction si souvent citée de Newton n'avait pas, à beaucoup près, la portée qu'on lui a attribuée.

Le premier fait important relatif à la nature du diamant fut établi par Boyle, et remonte au milieu du dix-septième siècle. Le savant anglais montra que, sous l'influence d'une forte chaleur, le diamant disparaissait. Un peu plus tard, en 1694, Cosme III, grand-duc de Toscane, fit soumettre, à Florence, un diamant à l'épreuve du feu, en employant pour source de chaleur celle du soleil concentrée sur le diamant à l'aide d'un miroir concave. Cette expérience fut dirigée par les deux savants : Averani, précepteur du prince Jean Gaston, fils de Cosme, et Targioni, membre de l'académie *del Cimento*.

Les spectateurs ne tardèrent pas à constater, avec stupéfaction, que le diamant diminuait peu à peu, et, au bout d'un certain temps, ils le virent complètement disparaître. Cette expérience, répétée plus tard à Vienne par un autre grand-duc, François-Étienne de Lorraine devenu empereur d'Autriche sous le nom de François Ier, en remplaçant la chaleur du soleil par le feu d'un fourneau, donna exactement le même résultat. Près d'un siècle après l'expérience de Florence, d'Arcet, Rouelle, Mac-

---

1. Dans un livre classique, le *Dictionnaire de physique* du P. Paulin, imprimé en 1761, l'auteur, homme d'ailleurs fort instruit, s'exprime ainsi au sujet de la nature du diamant :

« Les physiciens prétendent que ses parties élémentaires sont la terre la plus pure et la plus divisée, le feu le plus pur et l'eau la plus limpide. »

quer, etc., soumirent, en France, le diamant, à l'action du feu.

Le 26 juillet 1771, ces savants firent à Paris une expérience qui fut tout un événement; un beau diamant fourni par un amateur distingué, Godefroi de Villetaneuse fut brûlé dans le laboratoire de Macquer, et l'étrangeté de ce résultat fut, pendant un certain temps, l'objet des conversations dans tous les rangs de la société.

Il fallait bien accepter le fait de la disparition du diamant sous l'influence de la chaleur, mais pour l'expliquer chacun apportait son opinion. Pour les uns, il avait été brûlé, pour les autres, il avait été seulement volatilisé.

Au milieu de la discussion survint un nouveau personnage, Le Blanc, célèbre joaillier du temps. Sans tenir compte des expériences de Florence, de Vienne et de Paris, il affirma que le feu était sans action sur le diamant. Il appuyait, il est vrai, cette opinion sur son expérience personnelle. Il avait, disait-il, exposé fréquemment des diamants à l'action d'une haute température pour faire disparaître certaines taches, et jamais le feu n'avait produit la moindre détérioration sur les diamants soumis à son action. Voulant du reste apporter des faits à l'appui de son assertion, il prit un diamant, l'entoura d'un mélange de chaux et de poussière de charbon, l'introduisit dans un creuset, et exposa le tout à l'action d'un feu violent. Au bout de trois heures on arrêta l'expérience, et on examina l'intérieur du creuset. Mais on trouva seulement la petite loge que le diamant avait occupée. Quant à celui-ci, il avait complètement disparu.

Cette expérience exécutée dans le laboratoire de Rouelle y avait attiré un grand nombre de personnes, les unes appartenant à la science et les autres au corps des joailliers.

Déjà les savants étaient persuadés par les expériences

antérieures que le diamant disparaissait sous l'action de la chaleur; aussi accueillirent-ils par des bravos et des battements de mains la disparition du diamant de Le Blanc « qui se retira sans son diamant, mais non convaincu. »

Bien que le jour commençât à se faire sur la question, il s'en fallait de beaucoup qu'elle fût résolue. Ainsi un des hommes qui devaient bientôt se placer au premier rang des créateurs de la chimie moderne, l'illustre et malheureux Lavoisier, Cadet et Macquer préparèrent sur ce sujet de nouvelles expériences. Mais alors un habile lapidaire, Maillard, vint soutenir devant ces savants les idées de Le Blanc en prétendant, conme son confrère, que le feu était sans action sur le diamant.

Il vint, comme le dit Lavoisier, « avec un zèle vraiment digne de la reconnaissance des savants, nous proposer de soumettre trois diamants qu'il avait apportés à telle épreuve qu'on jugerait à propos ; il consentait qu'ils fussent tourmentés par le feu le plus violent et aussi longtemps qu'on voudrait, pourvu qu'on lui permit, comme à M. Le Blanc, de les enfermer à sa manière.

Maillard prit un fourneau de pipe à fumer, y mit ses trois diamants, les entoura de charbon bien pressé, recouvrit la pipe avec un couvercle en fer, et enferma le tout dans un creuset rempli de craie, après l'avoir recouvert d'un enduit siliceux. On soumit le tout à une température telle, qu'au bout de quatre heures la masse du creuset était complètement ramollie et prête à couler. On arrêta alors le feu.

Nous laissons Macquer lui-même exposer les résultats de cette importante expérience.

« Cependant M. Maillard, qui n'avait jamais vu ses diamants à une si rude épreuve, prenait toutes les précautions possibles pour les retrouver, et ramenait avec

soin les cendres et les larmes de matières fondues qui
étaient tombées de la grille du fourneau pendant l'opération.

« Je ne ferai nulle difficulté d'avouer ici que, malgré
l'espèce d'inflammation du diamant de la réalité de
laquelle je m'étais assuré très-positivement, et qui devait
m'ouvrir les yeux, ou me faire suspendre au moins mon

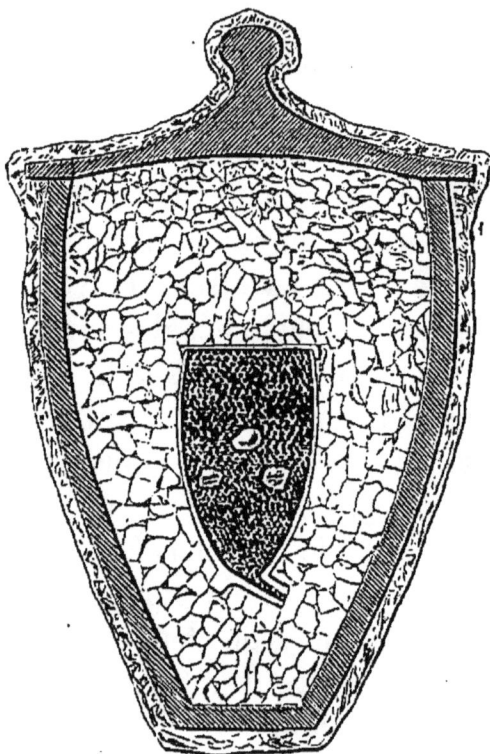

Fig. 30. — Disposition de l'expérience de Maillard.

jugement sur les procédés des joailliers, j'étais pourtant
très convaincu, par les expériences précédentes, que le
diamant devait se détruire dans tous les cas, pourvu
qu'on lui appliquât un degré de feu assez fort et assez
long; et, d'après la violence du feu de quatre heures
qu'avaient éprouvé les trois diamants de M. Maillard,
j'étais si persuadé qu'ils étaient entièrement détruits,

comme celui de M. Le Blanc, que, voyant M. Maillard ramasser avec soin, comme je l'ai dit, les cendres du fourneau, je lui dis en plaisantant que s'il voulait absolument retrouver ses diamants, il ferait beaucoup mieux de faire ramoner la cheminée, et de les chercher dans la suie plutôt que dans la cendre. Mais ce petit triomphe fut aussi court qu'il avait été anticipé. Il ne dura tout juste que le temps qu'il fallait pour le refroidissement du creuset de M. Maillard. Ce creuset ne formait plus, avec son enduit, qu'une masse presque informe d'une matière vitrifiée, brillante, lisse et compacte. On le cassa avec précaution, on retrouva dedans le petit creuset de terre de pipe bien entier, la poudre de charbon dont ce dernier avait été rempli, qui était aussi noire que quand on l'y avait mise; enfin nous *apperçûmes* les trois diamants tout aussi sains qu'ils étaient avant l'épreuve; ils avaient conservé leur forme, les vives arêtes de leurs angles, et jusqu'à leur poli; aussi, en les repesant avec des balances d'essai très-justes, soit ensemble, soit séparément, nous trouvâmes qu'ils n'avaient rien perdu de leur poids. La seule différence qu'on pût *appercevoir* était qu'ils avaient une teinte noirâtre, mais elle n'était que superficielle, or M. Maillard les ayant fait nettoyer sur la meule, ils redevinrent aussi brillants et aussi blancs qu'ils l'étaient avant cette épreuve. »

Des diamants, préparés par Maillard et soumis pendant vingt-quatre heures à l'action de l'énorme température d'un four à porcelaine, résistèrent comme les précédents.

Des expériences analogues furent faites en différents points de l'Europe, et on obtint tantôt l'un, tantôt l'autre des résultats précédents. Les faits restèrent inexplicables jusqu'au moment où les phénomènes principaux de la combustion étant établis, on reconnut que le diamant avait disparu toutes les fois qu'il avait été chauffé *en pré-*

sence de l'air, tandis qu'il avait complètement résisté et n'avait même éprouvé aucune modification quand, à l'aide d'un corps comme la poudre de charbon, la chaux, etc., *il avait été soustrait à l'action de l'air* pendant qu'on le chauffait. La question arrivée à ce point ne pouvait plus tarder d'avoir une solution définitive.

Deux des créateurs de la chimie, Lavoisier en France et Humphery Davy en Angleterre, la fournirent bientôt en effet.

« Qu'est-ce que le diamant ? C'est ce qu'il y a de plus précieux et de plus cher au monde. Qu'est-ce que le charbon ? C'est la matière usuelle la plus commune, et une de celles que l'on trouve en dépôts immenses dans les entrailles de la terre en même temps que les plantes, les arbres de toute espèce en contiennent une inconcevable quantité.. L'argent peut à peine payer le diamant car si l'on imagine un diamant pur du poids d'une pièce de 25 francs, il pèsera environ 125 carats, et vaudra au minimum 4 millions de francs, tandis que un poids pareil de charbon n'aura, même avec les pièces de cuivre les plus petites, aucune valeur assignable. Et cependant le diamant et le charbon sont identiques : le diamant n'est que du charbon cristallisé. » (Babinet.)

Tout le monde connaît ce gaz piquant qui se dégage des boissons fermentées, cidre, bière, vin, etc., ce gaz, car c'est encore lui, que l'on introduit artificiellement dans l'eau de Seltz et les limonades gazeuzes ; il est formé par la combinaison du charbon avec l'un des éléments de l'air (l'oxygène), et il a été appelé par les chimistes *acide carbonique*. Or ce composé se produit toutes les fois qu'on brûle du charbon ou des substances qui en contiennent au contact de l'air, et jamais, bien entendu, il ne s'en forme la moindre trace si la substance qui brûle ne renferme pas de charbon.

Quand le grand fait que nous venons de formuler fut bien établi, il devint très facile de savoir si, dans le diamant, il y avait du charbon, et même si c'était-là son seul principe constituant.

La première partie de la question fut résolue par Lavoisier à l'aide de l'expérience représentée figure 31.

Fig. 31. — Combustion du diamant par Lavoisier.

Une cloche remplie d'oxygène fut renversée sur la cuve à mercure; une coupelle placée à l'extrémité d'une petite colonne reçut le diamant, et une lentille convergente concentrait la chaleur du soleil sur le diamant placé à son foyer.

Le diamant disparut, et on constata alors que le ballon

qui, au commencement de l'expérience, ne renfermait pas trace d'acide carbonique, en contenait une grande quantité après la disparition du diamant. Donc le diamant renfermait du charbon au nombre de ses éléments.

Davy alla plus loin.

Dans des expériences analogues à la précédente, il montra que la combustion du diamant dans l'oxygène donnait *seulement* naissance à de l'acide carbonique. Donc le diamant ne renfermait pas autre chose que du charbon.

Quelques doutes sur ce dernier point continuèrent encore de subsister; mais ils ont complètement disparu depuis la publication (1841) du grand travail de MM. Dumas et Stass sur l'équivalent du carbone.

Dans leurs expériences ces deux savants brûlèrent un grand nombre de diamants, mais ils firent disparaître une erreur dont le maintien eût été pour la science une véritable calamité[1]. L'importance capitale des résultats obtenus par MM. Dumas et Stass justifie complètement l'emploi du combustible si exceptionnel mis par eux en usage dans cette circonstance.

Il est très probable que le diamant absolument pur est exclusivement formé de carbone. Mais il faut bien remarquer que ces diamants sont on ne peut plus rares.

« Tous les diamants que nous avons brûlés ont laissé un résidu, une cendre, si l'on peut s'exprimer ainsi. Ce résidu consiste tantôt en un réseau spongieux d'une couleur jaune rougeâtre, tantôt en parcelles jaune paille et cristallines, tantôt en fragments incolores et cristallins aussi....

« Cette portion du diamant qui n'est pas du carbone pur ne consiste pas en parcelles adhérentes à la surface

---

1. Celle qui affectait l'*équivalent* du carbone.

du cristal brûlé ou mêlé avec eux. Nous avons retrouvé les mêmes résidus dans des combustions faites sur des cristaux très gros, bien lavés et bouillis longtemps avec de l'eau régale.

« Ces matières minérales appartiennent donc au cristal lui-même. » (MM. Dumas et Stass.)

Ces mêmes savants ont trouvé que les résidus de la combustion du diamant variaient de $\frac{1}{500}$ à $\frac{1}{2000}$ du poids du diamant employé.

On croyait que le diamant ne se consumait qu'avec une extrême difficulté. C'est encore une erreur. MM. Dumas et Stass ont reconnu que ce corps brûle très facilement dans l'oxygène, bien plus facilement par exemple, que certains charbons qui se forment dans les hauts fourneaux pendant le traitement du minerai de fer.

Voici du reste comment on peut s'en assurer, tout en exécutant une des plus jolies expériences de la chimie. Elle nous a été signalée par un des physiciens français les plus autorisés et les plus habiles, M. Morren, doyen de la faculté des sciences de Marseille.

On prend un fil de platine et, à l'aide d'un petit cône en bois, on lui donne la disposition suivante (fig. 32).

On fixe dans un bouchon l'extrémité supérieure du fil, et on place dans le petit récipient le diamant à brûler. Un flacon rempli d'oxygène est à la portée de la main. A l'aide du chalumeau on élève jusqu'au rouge blanc la température du diamant et de son support, et on plonge rapidement le tout dans le flacon d'oxygène. Le diamant s'allume aussitôt, et continue à brûler, mais avec un éclat fixe et infiniment plus vif que celui qu'on obtiendrait avec une autre variété de charbon. De

Fig. 32.

plus, la combustion est très lente, de sorte qu'on peut se

faire passer, de main en main, d'un bout à l'autre de l'amphithéâtre, le diamant en ignition, sans que le phénomène si remarquable qu'il présente éprouve d'interruption (fig. 33).

Fig. 33. — Combustion du diamant dans l'oxygène.

M. Morren a aussi constaté que le diamant brûle *par couches*, car si on arrête la combustion à une période quelconque, on voit que ce qui reste du diamant n'a pas éprouvé le moindre changement, comme l'attestent les triangles à arêtes vives et les plans réguliers, dépendant, de la manière la plus évidente, les uns et les autres du système cristallin spécial au diamant.

C'est là un point très important, puisqu'il paraît exclure toute idée de fusion pour le diamant.

DIAMANTS EXCEPTIONNELS

Nous allons maintenant passer en revue les diamants les plus célèbres, donner leurs dimensions exactes, et, autant que le permet le dessin, reproduire les dispositions de leurs tailles.

L'Asie est la patrie des pierres précieuses et en particulier des diamants. C'est elle qui a fourni, ainsi que nous le verrons par la suite de ce chapitre, la plupart des diamants hors ligne. D'un autre côté, on sait à quel point le goût du luxe est porté chez les Asiatiques : c'est donc dans cette partie du monde que nous devons rencontrer les diamants les plus volumineux.

Disons toutefois que, depuis quelques années, on a découvert, dans l'Afrique méridionale, de très riches gisements de diamants. Une population qui dépasse aujourd'hui 30,000 individus, est venue chercher fortune dans ces *placers* d'un nouveau genre. Les premiers arrivants ont naturellement exploité les couches superficielles qui qui n'ont pas tardé à être épuisées; aujourd'hui c'est à l'aide d'excavations artificielles pénétrant en moyenne à quinze mètres, mais allant parfois jusqu'à trente, qu'on recherche le diamant au Cap. La terre désagrégée et piochée par les ouvriers est mise dans des paniers, puis élevée jusqu'à la surface du sol, à l'aide de cordes passant sur des poulies; cette terre, mise d'abord en tas, est ensuite traitée d'après la méthode que nous décrirons plus loin en parlant des dépôts diamantifères de l'Inde.

Un point très important à signaler, c'est que, d'une manière générale, les diamants du Cap sont d'une eau moins pure et d'une limpidité moins parfaite que ceux de l'Inde ; ils ont, dès lors, moins de valeur que ces derniers, à dimensions et à poids égaux.

Nous commençons là description des diamants célèbres en citant ce que dit Tavernier de ceux du Grand-Mogol.

« La première pierre qu'Akel-Kau me mit dans la main fut ce grand diamant qui est une rose fort haute d'un côté. A l'arête d'un bout il y a un petit cran et une petite glace dedans. L'eau en est belle, et il pèse 280 carats. Quand Mirgimola, qui trahit le Grand-Mogol son maître, fit présent de cette pierre à Cha-Gehan auprès duquel il se retira, elle était brute, et pesait alors 787 $\frac{1}{2}$ carats, et il y avait plusieurs glaces. Si cette pierre avait esté en Europe, on l'aurait gouvernée d'une autre façon, car on en aurait

tiré de bons morceaux, et elle serait demeurée plus pe-
sante. Ce fut le sieur Hortensio Borghis, Vénitien, qui la
tailla. De quoi il fut assez mal récompensé, car, quand
elle fut taillée, on lui reprocha d'avoir gâté la pierre qui
aurait pu demeurer à plus grand poids, et, au lieu de le
payer de son travail, le roi lui fit prendre dix mille roupies, et il lui en aurait fait prendre davantage, s'il en eût
eu d'autres. Si le sieur Hortensio Borghis eût bien su son
métier, il aurait pu tirer de cette grande pièce quelques
bons morceaux, sans faire tort au roi, et sans avoir tant

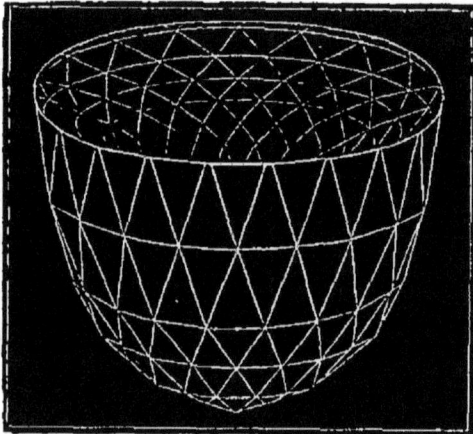

Fig. 54. — Diamant du Grand-Mogol.

de peine à l'égriser; mais il n'était pas un fort habile diamantaire.

« Après avoir beaucoup contemplé cette belle pièce et
l'avoir remise entre les mains d'Akel-Kan, il me fit voir
un autre diamant de fort bonne forme et de belle eau,
avec trois autres diamants à table, deux nets, et l'autre
qui avait des petits points noirs. Chacun pesait de 48 à
50 carats, et le premier $54 \frac{1}{2}$ carats. Ensuite il me montra un joyau de douze diamants, chacun pesant de 13 à
14 carats, *et tous roses*. Dans le milieu, il y avait une

rose en cœur, de belle eau, avec trois petites glaces. Cette rose pesait de 30 à 35 carats.

« Plus un joyau de dix-sept diamants, moitié tables moitié roses, dont le plus grand ne paraissait pas peser plus de 6 à 7 carats, excepté celui du milieu, qui allait bien à 14 carats. Toutes ces pièces sont de la première eau, nettes, de bonnes formes, et les plus belles qu'on puisse trouver. »

La figure 34 représente le gros diamaut du Mogol.

Il a, comme on le voit, la forme d'une moitié d'œuf. Il

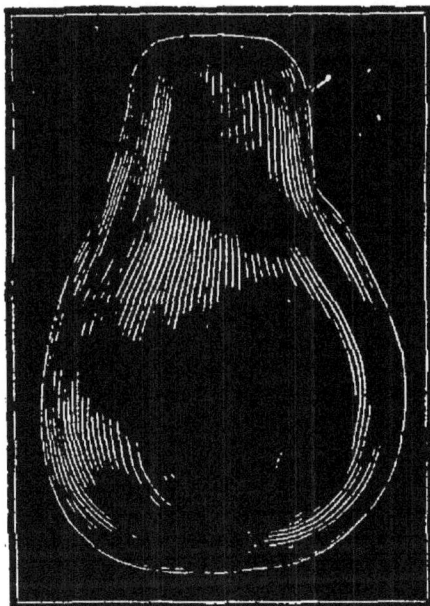

Fig. 35. — Diamant du rajah de Matum.

est estimé 12 millions de francs. Il paraît que le célèbre Nadir Schah s'en est emparé, et qu'il est aujourd'hui en Perse.

On connaît encore le beau diamant appelé Agrah qui pesait brut 645 $\frac{5}{8}$ carats. Tavernier l'estimait 25 millions.

L'un des diamants les plus célèbres est celui du rajah de Matum, à Bornéo. Il pèse brut 318 carats. Il a, comme

le montre la figure 35 qui donne ses dimensions exactes
la forme d'une poire assez régulière.

Ce diamant est, pour le rajah et les populations du
pays, une espèce de palladium auquel seraient attachées
les destinées de l'empire. En outre, l'eau dans laquelle il
a été trempé passe pour guérir toute espèce de maladie.
On comprend, dès lors, le prix attaché à cette pierre. En
effet, en 1820, M. Stewart fut député par le gouverneur
qui résidait à Batavia, auprès du rajah, et lui offrit, en
échange de son diamant, 150,000 dollars (environ

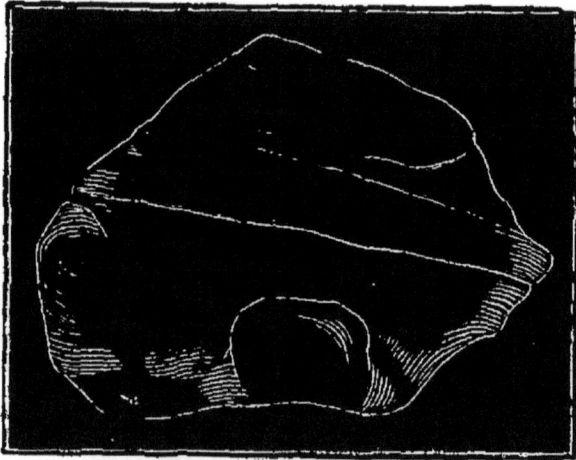

Fig. 36. — Le Nizam.

777,000 francs), deux bricks de guerre très bien armés,
et une grande quantité de poudre et de munitions de
toute espèce. Le rajah refusa.

L'Inde a encore fourni un autre gros diamant que possède le roi de Golconde, le fameux Nizam qui, brut, pesait
340 carats, et était estimé 5 millions de francs (fig. 36).

France. — L'un des diamants les plus célèbres du
monde appartient à la France, c'est le *Régent* qui, à des
dimensions considérables, réunit au suprême degré toutes
les qualités que l'on recherche dans ces magnifiques
productions.

Il fut trouvé dans la mine de Partoul, à quarante-cinq lieues au sud de Golconde; brut, il pesait 410 carats.

Sa taille demanda deux ans de travail et coûta 125,000 francs. Il se trouva alors réduit à 136 carats $\frac{14}{16}$; mais il n'y avait qu'à s'applaudir du résultat malgré la grande diminution du poids; la taille était parfaite.

On lit partout que ce diamant brut avait été acheté à Madras par le grand-père de William Pitt, alors qu'il.

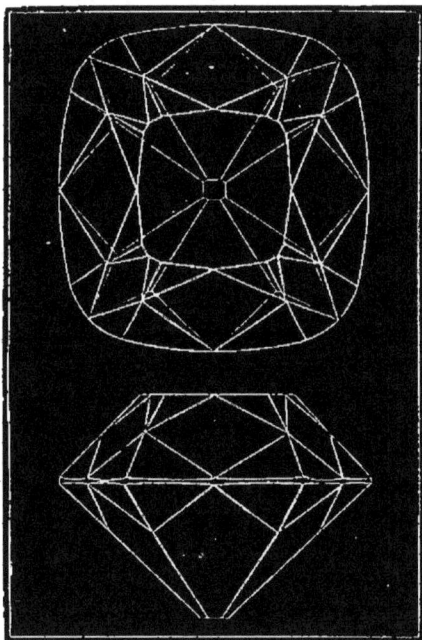

Fig. 37. — Le Régent.

était commandant du fort Saint-Georges; qu'il l'avait payé 312,500 francs, et que, en 1717, il fut acheté pour la somme de 3,375,000 francs par le duc d'Orléans, régent de France pendant la minorité de Louis XV.

Voici maintenant le curieux récit, fait par Saint-Simon, de l'achat de ce diamant, et on voit que les choses y sont présentées d'une tout autre façon.

« Par un événement extrêmement rare, un employé aux mines de diamants du Grand-Mogol trouva le moyen

d'en voler un d'une grosseur prodigieuse. Pour comble
de fortune, il put s'embarquer et atteindre l'Europe avec
son diamant. Il le fit voir à plusieurs princes dont il
passait les forces, il le porta enfin en Angleterre où le roi
l'admira sans pouvoir se résoudre à l'acheter. On en fit
un modèle de cristal en Angleterre, d'où l'on envoya
l'homme, le diamant et le modèle parfaitement semblable
à Law, qui le proposa au régent pour le roi; le prince en
effraya le régent, qui refusa de le prendre.

« Law, qui pensait grandement en beaucoup de choses,
vint me trouver consterné et m'apporta ce modèle. Je
pensai, comme lui, qu'il ne convenait pas à la grandeur
du roi de France de se laisser rebuter par le prix d'une
pièce unique dans le monde et inestimable; et que plus
il y avait de potentats qui n'avaient osé y penser, plus
on devait se garder de le laisser échapper. Law, ravi de
me voir parler de la sorte, me pria d'en parler à Mgr le
duc d'Orléans.

« L'état des finances fut en obstacle sur lequel le régent insista beaucoup; il craignait d'être blâmé de faire
un achat si considérable, tandis qu'on avait tant de peine
à subvenir aux nécessités les plus pressantes, et qu'il
fallait laisser tant de gens en souffrance.

« Je louai ce sentiment. Mais je lui dis qu'il n'en
devait pas user pour le plus grand roi de l'Europe comme
d'un simple particulier, qui serait très répréhensible de
jeter cent mille francs pour se parer d'un beau diamant,
tandis qu'il devrait beaucoup et ne se trouvait pas en
état de se satisfaire; qu'il fallait considérer l'honneur de
la couronne, et ne pas laisser manquer l'occasion unique
d'un diamant sans prix qui effaçait tous ceux de l'Europe;
que c'était une gloire pour la régence qui durerait à
jamais, qu'en quelque état que fussent les finances,
l'épargne de ce refus ne les soulagerait pas beaucoup, et

que la surcharge ne serait pas très perceptible; enfin je ne quittai point Mgr le duc d'Orléans que je n'eusse obtenu que le diamant serait acheté.

« Law, avant de me parler, avait. tant représenté au marchand l'impossibilité de vendre son diamant au prix qu'il avait espéré, le dommage et la perte qu'il souffrirait en le rompant en divers morceaux, qu'il le fit venir enfin à 2 millions de francs avec les rognures en outre qui sortiraient de la taille. Le marché fut conclu de la sorte. On lui paya l'intérêt de 2 millions jusqu'à ce qu'on pût lui donner le capital, et, en. attendant, on déposa pour 2 millions de pierreries en gage. »

La figure 37 donne la forme et les dimensions du Régent.

A part sa grande valeur commerciale et artistique, le Régent a individuellement une histoire des plus dramatiques.

« Le Régent, dit M. Babinet, avant l'époque du vol des diamants de la couronne, eut cependant l'honneur d'être présenté au peuple, où, si l'on veut, à la populace du temps. Voici comment on avait organisé cette exhibition. Une petite salle basse avait été disposée de manière à permettre aux passants d'entrer facilement et de demander, au nom du peuple souverain, à voir et à toucher le beau diamant de l'ex-tyran. Alors, par un petit guichet semblable à ceux qui servent à recevoir le prix des places dans un théâtre, on passait au citoyen ou à la citoyenne en guenilles le diamant *national*, retenu dans une solide griffe d'acier avec une chaîne de fer fixée en dedans de l'ouverture par laquelle on le présentait aux visiteurs. Deux hommes de police déguisés en gendarmes, fixaient à droite et à gauche leurs yeux de lynx sur le possesseur momentané de la merveille de Golconde, lequel, après avoir soupesé dans sa main une valeur estimée 12 millions dans l'inventaire des diamants de la couronne, reprenait à la porte sa hotte et son crochet pour continuer d'explorer les balayures vidées aux portes des maisons. J'ai plusieurs fois obtenu la permission d'assister aux visites des diamants de la couronne, et j'ai toujours eu la négligence de ne pas en profiter. « Comment! monsieur, me disait un pauvre ouvrier jar-« dinier, vous n'avez pas eu dans la main le *Régent de* « *France;* mais moi et tous mes amis nous l'avons vu « et touché tant que nous avons voulu pendant la Révolution. » Cet homme me disait qu'on laissait entrer dans la pièce basse en question un nombre quelconque de visiteurs, mais qu'en cas de *bruit* il n'eût pas *fait bon se trouver là dedans.* »

Lors du vol des diamants de la couronne, en 1792, le Régent éprouva des péripéties toutes particulières. Nous reproduisons ici ce curieux épisode, tel que l'a donné M. Breton dans la *Cazette des Tribunaux.*

« L'inventaire des diamants de la couronne fait, en 1791, aux termes d'un décret de l'Assemblée constituante, venait à peine d'être terminé, au mois d'août 1792, lors de la dernière exposition publique qui avait lieu le premier mardi de chaque mois, depuis la Quasimodo jusqu'à la Saint-Martin. Après les journées sanglantes du 10 août et du 2 septembre, ce riche dépôt fut naturellement fermé au public, et la Commune de Paris, comme représentant le domaine de l'État, mit les scellés sur les armoires dans lesquelles étaient déposés la couronne, le sceptre, la main de justice et les autres ornements du sacre; la chapelle d'or léguée à Louis XIII par le cardinal de Richelieu avec toutes ses pièces enrichies de diamants et de rubis, et la fameuse nef d'or pesant 106 marcs, plus une quantité prodigieuse de vases d'agate, d'améthyste, de cristal de roche, etc. Dans la matinée du 17 septembre, Sergent et les deux autres commissaires de la Commune s'aperçurent que pendant la nuit, des voleurs s'étaient introduits en escaladant la colonnade du côté de la place Louis XV et l'une des fenêtres donnant sur cette place. Ayant ainsi pénétré dans les vastes salles du Garde-Meuble, ils avaient brisé les scellés sans forcer les serrures, enlevé les trésors inestimables que contenaient les armoires, et disparu sans laisser d'autres traces de leur passage. Plusieurs individus furent arrêtés, mais relâchés après de longues procédures. Une lettre anonyme adressée à la Commune annonça qu'une partie des objets volés était enfouie dans un fossé de l'allée des Veuves, aux Champs-Élysées ; Sergent se transporta aussitôt avec ses collègues à l'endroit qui avait été fort exactement indiqué. On y trouva, entre autres objets, le fameux diamant le Régent et la fameuse coupe d'agate-onyx connue sous le nom de *Calice de l'abbé Suger*, et qui fut ensuite placée dans le Cabinet des Antiques de la Bibliothèque nationale.

« Toutes les recherches faites à cette époque ou postérieurement n'ont pu faire juger si ce vol eut un but politique, ou bien s'il faut l'attribuer simplement à une spéculation faite par des malfaiteurs vulgaires dans un moment où la police de sûreté était tout à fait désorganisée. Les uns disaient que le produit de ces richesses était destiné à stipendier l'armée des émigrés, d'autres, au contraire, prétendaient que Pétion et Manuel s'en étaient servis pour obtenir l'évacuation de la Champagne, en livrant le tout au roi de Prusse. Enfin on alla jusqu'à prétendre que les gardiens du dépôt l'avaient volé eux-mêmes, et Sergent, dont nous venons de parler, fut surnommé *Agate*, à cause de la manière mystérieuse dont il avait retrouvé la coupe d'agate-onyx. Aucune de

ces conjectures plus ou moins absurdes n'a jamais reçu
la moindre sanction juridique.

« Voici toutefois un fait dont j'ai été témoin avec
toutes les personnes qui assistaient à la séance de la
cour criminelle de Paris, lors de la mise en jugement,
dans le courant de l'année 1804, du nommé Bourgeois,
et d'autres individus accusés d'avoir fabriqué de faux
billets de la Banque de France. Un des accusés qui avait
servi dans les Pandours, et qui déguisait son véritable
nom sous celui de Baba, avait d'abord nié tous les faits
mis à sa charge. Il fit aux débats des aveux complets, et
expliqua les procédés ingénieux employés par les faus-
saires.

« Ce n'est pas, a-t-il ajouté, la première fois que mes
aveux ont été utiles à la société, et, si l'on me condamne
j'implorerai la miséricorde de l'Empereur. Sans moi
Napoléon ne serait pas sur le trône ; c'est à moi seul
qu'est dû le succès de la campagne de Marengo. J'étais
un des voleurs du Garde-Meuble ; j'avais aidé un de mes
complices à enterrer dans l'allée des Veuves le Régent et
d'autres objets reconnaissables dont la possession les
aurait trahis. Sur la promesse que l'on me fit de ma
grâce, promesse qui fut exactement tenue, je révélai la
cachette. Le Régent en fut tiré, et vous n'ignorez pas,
messieurs de la cour, que ce magnifique diamant fut
engagé par le Premier consul entre les mains du gouver-
nement batave pour se procurer les fonds dont il avait le
besoin le plus urgent après le 18 brumaire.

« Les coupables furent condamnés aux fers, Bourgeois
et Baba, au lieu d'être conduits au bagne, furent retenus
à Bicêtre où ils moururent. J'ignore si Baba donna
d'autres renseignements à la suite de l'anecdote que je
viens de rapporter, et qu'on peut lire aussi dans le Jour-
nal de Paris de l'époque. »

Un autre beau diamant est l'Impératrice-Eugénie. Il est taillé en brillant et pèse 51 carats (fig. 38).

Un troisième diamant très célèbre, ayant longtemps appartenu à la France, c'est le Sancy. Mais on est loin d'être d'accord sur l'identité du diamant qui porte ce nom. Suivant les uns, il aurait été rapporté de Constantinople par un ambassadeur de ce nom qui l'aurait payé 600,000 francs ; suivant d'autres, il ornait le casque de Charles le Téméraire, qui le perdit à la bataille de Granson. Trouvé par un soldat, il fut vendu pour deux francs à un moine qui, à son tour, le céda pour trois francs. Il

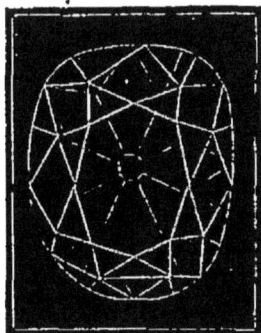

Fig. 58. — L'Impératrice-Eugénie.   Fig. 59. — Le Sancy.

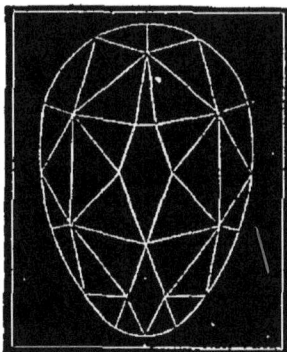

disparut alors, mais en 1589, on le voit faire partie des pierreries d'Antoine, roi de Portugal. Ce prince le donna en gage à de Sancy, trésorier du roi de France, qui finalement en devint acquéreur pour la somme de 100,000 livres tournois. Il resta longtemps dans la famille de Sancy, à laquelle Henri III l'emprunta. Il était destiné à servir de gage pour la levée d'un corps de Suisses ; mais le domestique chargé de porter ce diamant au roi fut attaqué, mis à mort, et on crut le diamant perdu. A force de recherches on finit par découvrir que le domestique avait été assassiné dans la forêt de Dôle, et que, par les soins du curé, il avait été enterré dans le cimetière du village. « Alors, dit le baron de Sancy, mon diamant n'est pas perdu. » En effet, on le retrouva dans l'estomac du malheureux et fidèle serviteur qui l'avait avalé au moment où il vit qu'il allait succomber (fig. 39).

D'après l'inventaire de 1791, le Sancy pesait 55 $\frac{12}{16}$ carats. Outre son poids considérable, ce diamant offre encore un intérêt spécial à cause de sa taille toute particulière, dont nous aurons à parler dans le chapitre X.

Ce diamant disparut en 1792. Après plusieurs pérégrinations il est arrivé aujourd'hui en Russie. On l'estime un million de francs : mais, d'après M. Helphen, si bon juge en ces matières, ce prix est exagéré.

Avant la révolution, la France, avec le régent et le Sancy, possédait un grand nombre de diamants et une foule d'autres pierres précieuses : l'ensemble était désigné sous le nom de diamants de la Couronne.

D'après l'estimation qui fut faite en 1791 par une commission de joailliers, sur la demande de l'Assemblée nationale, la France possédait en 1774, 7,482 diamants. Dans les années suivantes il y eut quelques variations.

C'est cette magnifique collection qui fut volée en 1792.

L'empereur Napoléon Ier fit rechercher et racheter dans toute l'Europe ces objets précieux. Le succès fut complet, car l'inventaire fait en 1810 mentionne un nombre de diamants considérable, dont la valeur totale est même supérieure à celle de l'ancienne collection.

Un autre inventaire fait en 1832 constate une augmentation nouvelle, puisque le nombre des pierres est de 64,812 et leur valeur totale estimée 20,900,260 francs, tandis que, en 1812, elle était seulement de 17 millions.

Depuis lors la collection des diamants français s'est encore accrue : elle a reçu en particulier, comme nous l'avons dit, le magnifique brillant de 51 carats, l'Impératrice-Eugénie.

Brésil. — Le Brésil étant la seconde patrie des pierres précieuses, il est naturel qu'il en possède de grandes quantités. Aussi estime-t-on à plus de 100 millions de francs la valeur de celles que renferme le trésor de cet empire.

Parmi les principaux diamants de ce pays, celui qui taillé en pyramide, orne la poignée d'or de la canne de Jean VI, est estimé 872,000 francs. Le Brésil a fourni encore les 20 diamants, qui forment les 20 boutons du pourpoint de cérémonie de Joseph Ier : chacun d'eux valant 125,000 francs, l'habillement complet représente une somme de 2 millions et demi de francs!

Mais la merveille parmi les productions du Brésil, c'est l'*Étoile du Sud.* Ce diamant extraordinaire fut trouvé en 1853, à la fin du mois de juillet, aux mines de Bogagan, par une pauvre négresse. Il pesait brut 257 carats et demi; il a été acheté par M. Helphen.

« Il présente la forme d'un dodécaèdre portant un biseau obtus sur chaque face. Il est aplati sur un côté; ses faces mates sont légèrement rugueuses par des stries dont quelques-unes, disposées d'une manière régulière, offrent la trace des clivages octaédriques propres au diamant; les autres stries forment une espèce de sablé très fin, assez analogue à la disposition désignée par le mot de *chagriné* propre à la peau des squales. Cette disposition ôte au diamant la transparence qui lui est propre; de telle sorte qu'il est simplement translucide à la manière d'une glace dépolie. Sa densité déterminée par M. Helphen, est 3,529.

« Dès les premiers moments de son apparition dans le commerce, le diamant que nous décrivons a fixé l'attention des lapidaires qui, pour le distinguer des diamants connus, l'ont surnommé l'*Étoile du Sud*. Par la taille ce diamant perdra à peu près la moitié de son poids; il sera réduit alors environ à 125 carats. Ce poids

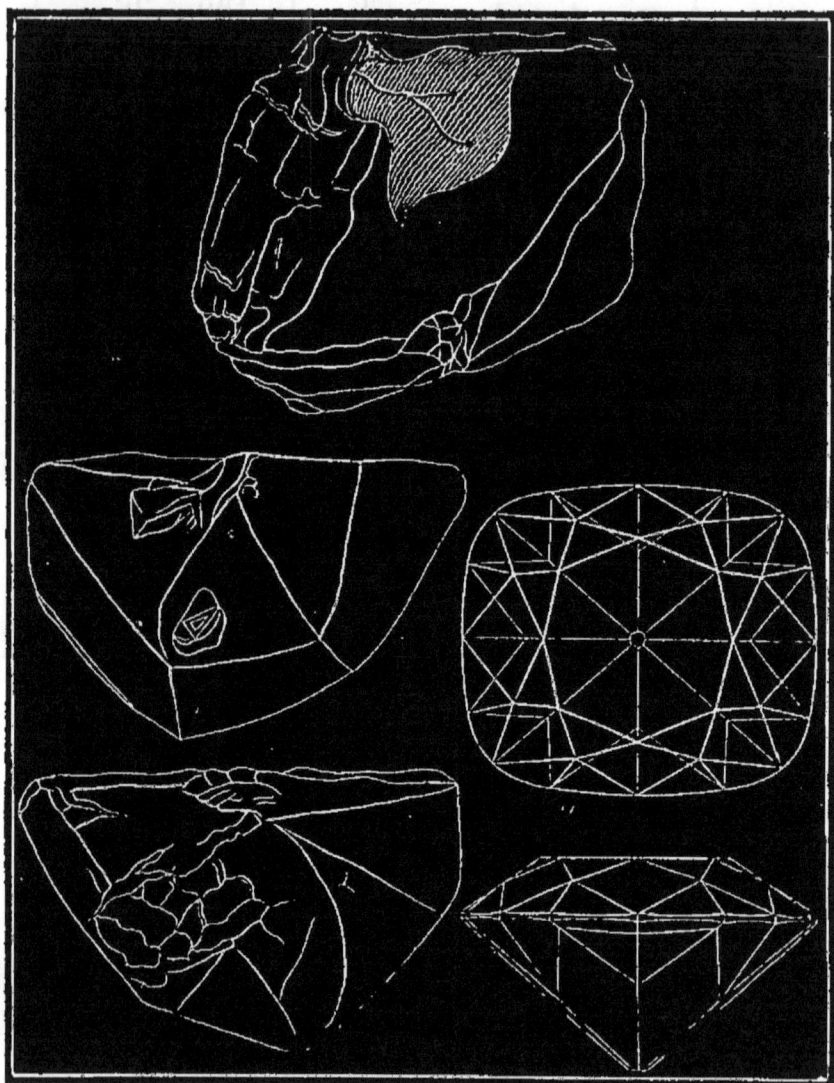

Fig. 40. — L'Étoile du Sud avant et après la taille.

le placera encore au rang des quatre ou cinq diamants connus les plus précieux. » (M. Dufrénoy.)

Aujourd'hui ce beau diamant est taillé. Il est d'une

pureté irréprochable, blanc et prenant par réfraction une teinte rosée assez notable, mais agréable.

L'Étoile du Sud a été taillée à Amsterdam dans l'établissement spécial de M. Coster. Dans le chapitre VII de ce livre nous ferons connaître en détail ce magnifique établissement, unique en son genre, et, à l'aide de très exactes figures, nous montrerons par quelle série d'opérations passe un diamant, comme l'Étoile du Sud *brute*, pour arriver à constituer l'Étoile du Sud *taillée*.

L'*Étoile du Sud* a été dessinée à l'état brut sous ses différentes faces par un homme de la plus grande compétence, notre illustre minéralogiste, M. Dufrénoy. Nous reproduisons ici les figures données par ce savant en mettant à côté celle de l'*Étoile du Sud* après la taille, c'est-à-dire telle qu'elle est aujourd'hui. C'est le meilleur exemple qu'il soit possible de choisir pour donner l'idée de la différence si grande, à tous les points de vue, qui sépare un diamant brut d'un diamant taillé (fig. 40).

Parmi les diamants qui ont le Brésil pour origine, nous citerons encore les trois gros diamants du roi de Portugal.

Le premier est appelé diamant du roi de Portugal. Il fut trouvé dans un endroit nommé Cay-de-Mérin, près de la petite rivière de Malhoverde. Mawe dit qu'il pèse 1680 carats. Les diamantaires du Brésil l'estiment 7 milliards 500 millions! Seulement... on pense que c'est une topaze! Dès lors les milliards et les millions disparaîtraient.

Personne ne voit ce diamant, qui d'ailleurs est conservé brut. Il est bien évident que c'est là plus qu'il n'en faut pour confirmer le public dans son opinion, que cette pierre n'est pas un diamant. Rien, du reste, ne serait plus simple que de décider la question; il suffirait d'exposer un instant cette substance à l'action de la meule d'un diamantaire pour qu'il ne pût rester

aucune espèce de doute. Si l'on ne fait pas ce simple
essai, c'est qu'il y a probablement pour cela de bonnes
raisons.

Les deux autres diamants n'inspirent pas les mêmes
doutes. Le premier pèse 215 carats ; l'autre, étant plus
plat, est un peu moins pesant. Ces deux belles pierres
furent trouvées à l'est de la province de Minas Geraès,
dans la rivière d'Abayte, par trois hommes bannis dans
l'intérieur.

Angleterre. — La couronne d'Angleterre est très
riche en beaux diamants ; mais la pièce capitale est le

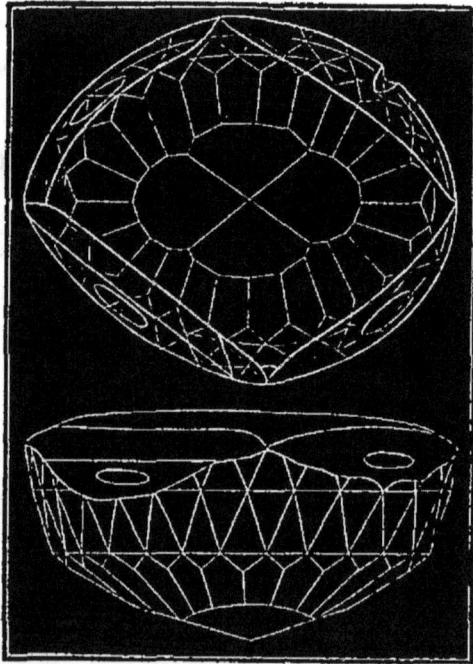

Fig. 41. — Le Ko-hi-noor avant la retaille.

fameux Ko-hi-noor (montagne de lumière). C'est, si l'on
en croit la légende, le plus ancien diamant connu, puisqu'il était déjà porté par Karna, roi d'Agra, qui vivait
5004 ans avant notre ère ! « Notez ce chiffre précis, dit
M. Babinet ; nous dirons avec lui : A cela, je n'ai rien

à objecter ; je me porte même garant de cette curieuse assertion, car qui me démentira dans ce témoignage ? »

Quelle que soit d'ailleurs son antiquité, on le trouve d'abord dans les trésors du schah Shouja, ex-roi de Caboul, et il passa, par voie de conquête, dans les mains de Rundjett-Sing. Ce despote fastueux, qui portait déjà pour 75 millions de diamants dans le harnais de son cheval, fit placer le Ko-hi-noor sur le pommeau de sa selle. Devenu la propriété de la compagnie des Indes, il a été offert par elle à la reine d'Angleterre.

Il pesait 186 $\frac{1}{2}$ carats et était estimé 3 500 000 francs ; mais il avait une mauvaise forme. Il a été retaillé, et ne pèse plus que 102 $\frac{3}{4}$ carats anglais. Les deux

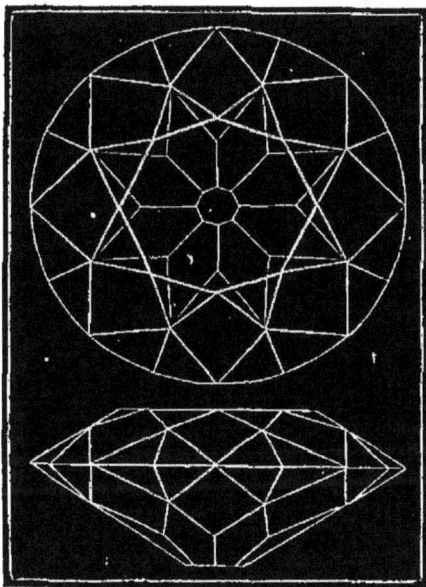

Fig. 42. — Le *Ko-hi-noor* après la retaille.

figures 41 et 42 le montrent avant et après cette dernière opération.

Le Ko-hi-noor est une pierre hors ligne, mais son épaisseur ne répond pas à son étendue ; aussi son jeu n'est-il pas très prononcé.

Outre le Ko-hi-noor et un grand nombre de perles fines, la couronne de la reine Victoria porte 497 diamants, dont le prix est évalué à plus de 2 millions de francs.

Un autre diamant bien connu est le *Piggott*, qui fut rapporté des Indes par le comte de ce nom ; son poids est de 81 $\frac{1}{4}$ carats. Il fut mis en loterie, en 1801, pour la somme de 750 000 francs. Plus tard, il devint la propriété du pacha d'Égypte, qui le paya la même somme. On ne sait quel est aujourd'hui son possesseur (fig. 43).

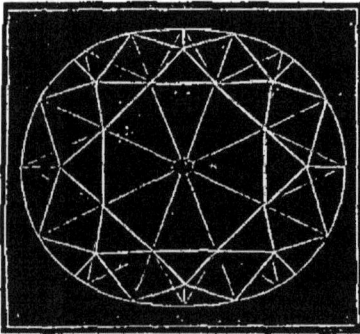

Fig. 43. — Le *Piggott*.   Fig. 44. — Le *Nassac*.

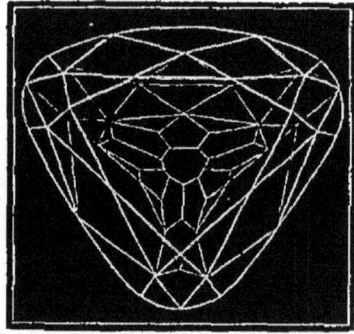

Le *Nassak* ou *Nassac* est de forme triangulaire avec des facettes courbes.

Conquis pendant les anciennes guerres sur le territoire des Mahrattes, il était autrefois la propriété de la compagnie des Indes, et pesait alors 89 $\frac{3}{4}$ carats. Acheté, en 1818, par MM. Rundell et Bridge, il fut plus tard vendu aux enchères publiques quand ces négociants se retirèrent des affaires. Le marquis de Westminster, auquel il appartint ensuite, l'a fait retailler. Il ne pèse plus aujourd'hui que 78 $\frac{5}{8}$ carats, mais il a infiniment gagné comme forme et comme jeu. Il est estimé de 7 à 800 000 francs.

Russie. — Le pays le plus riche actuellement en beaux diamants est probablement la Russie.

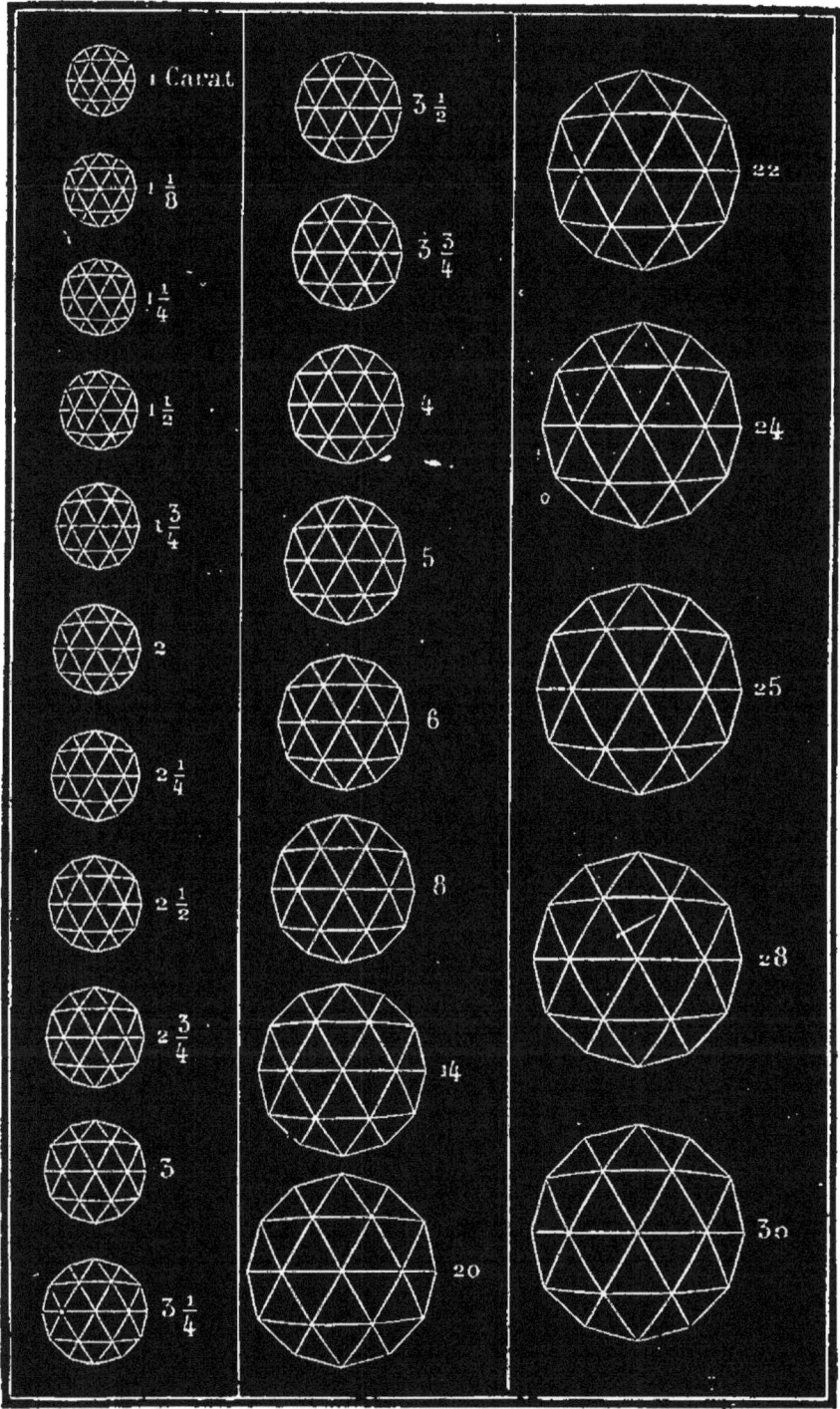

Fig. 45. — Surfaces des roses comparées à leur poids.

Outre les collections spéciales de diamants, il existe, dans le trésor de cet empire, trois couronnes complètement formées de diamants. La première, celle d'Ivan Alexiowitch, en contient 881 ; celle de Pierre le Grand, 847 ; celle de Catherine la Grande, 2536.

Parmi les gros diamants russes, le plus remarquable est l'*Orlow*. Il pèse 193 carats. Il a, comme le montre la figure 46, la forme d'une moitié d'œuf. C'est un des ornements du sceptre impérial.

Ce beau diamant est originaire de l'Inde.

Il formait, il y a environ un siècle et demi, l'un des yeux de la fameuse idole de Seringham dans le temple de Brahma : l'autre œil était un diamant de même ordre.

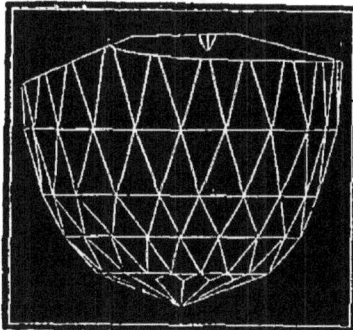

Fig. 46. — L'Orlow.

Ce fait, sans aucun doute bien connu dans le pays, suggéra à un soldat français en garnison dans nos possessions de l'Inde, au commencement du dix-huitième siècle, l'idée d'*arracher les yeux* à la célèbre idole. Il s'éprend en apparence d'un beau zèle pour la religion indoue, et gagne à tel point la confiance des prêtres qu'on lui confie la garde du temple. Il choisit son temps, et, pendant une nuit d'orage, il enlève l'un seulement des diamants, l'autre n'ayant pas voulu sortir de l'orbite. Il s'enfuit à Madras, où il vendit pour 50 000 francs,

à un capitaine de navire anglais, le diamant dérobé.
Apporté en Angleterre, il fut acheté 300 000 francs par
un marchand juif. Celui-ci, plus tard, le vendit à Catherine II pour 2 250 000 francs et une pension viagère
de 100 000 francs.

Un autre beau diamant russe est celui qu'on appelle
le Schah, et qui a appartenu aux anciens sophis de Perse.
Il est d'une très belle eau, et pèse 95 carats. La figure 47
montre parfaitement la forme toute particulière de cette
belle pierre.

Le troisième gros diamant russe est la *Lune de montagne*. Il fut acheté pour 50,000 piastres à un chef

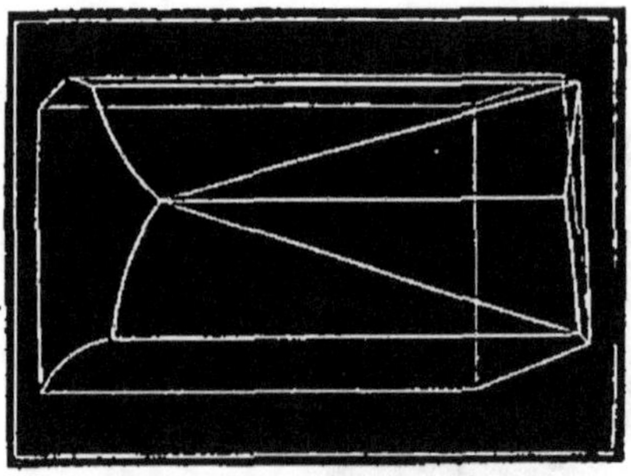

Fig. 47. — Le *Schah*. 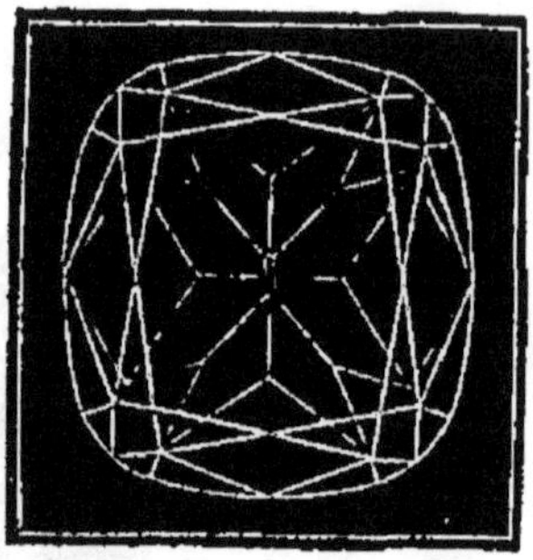   Fig. 48. — L'*Étoile polaire*.

afghan par un négociant arménien nommé Schafnass, qui
le garda pendant douze ans. Il envoya alors un de ses
frères à Amsterdam pour essayer de le vendre. Après de
longs pourparlers, il fut acheté par la Russie moyennant
45 0000 roubles d'argent (1 800 000 francs) et des
lettres de noblesse pour le vendeur.

La Russie possède encore un beau brillant rouge rubis
du poids de 10 carats. Il fut acheté 100 000 roubles
(400 000 francs) par l'empereur Paul Ier.

Signalons enfin en Russie un diamant superbe, l'*Étoile
polaire*, taillé en brillant et pesant 40 carats. Il appartient à la princesse Youssopoff (fig. 48).

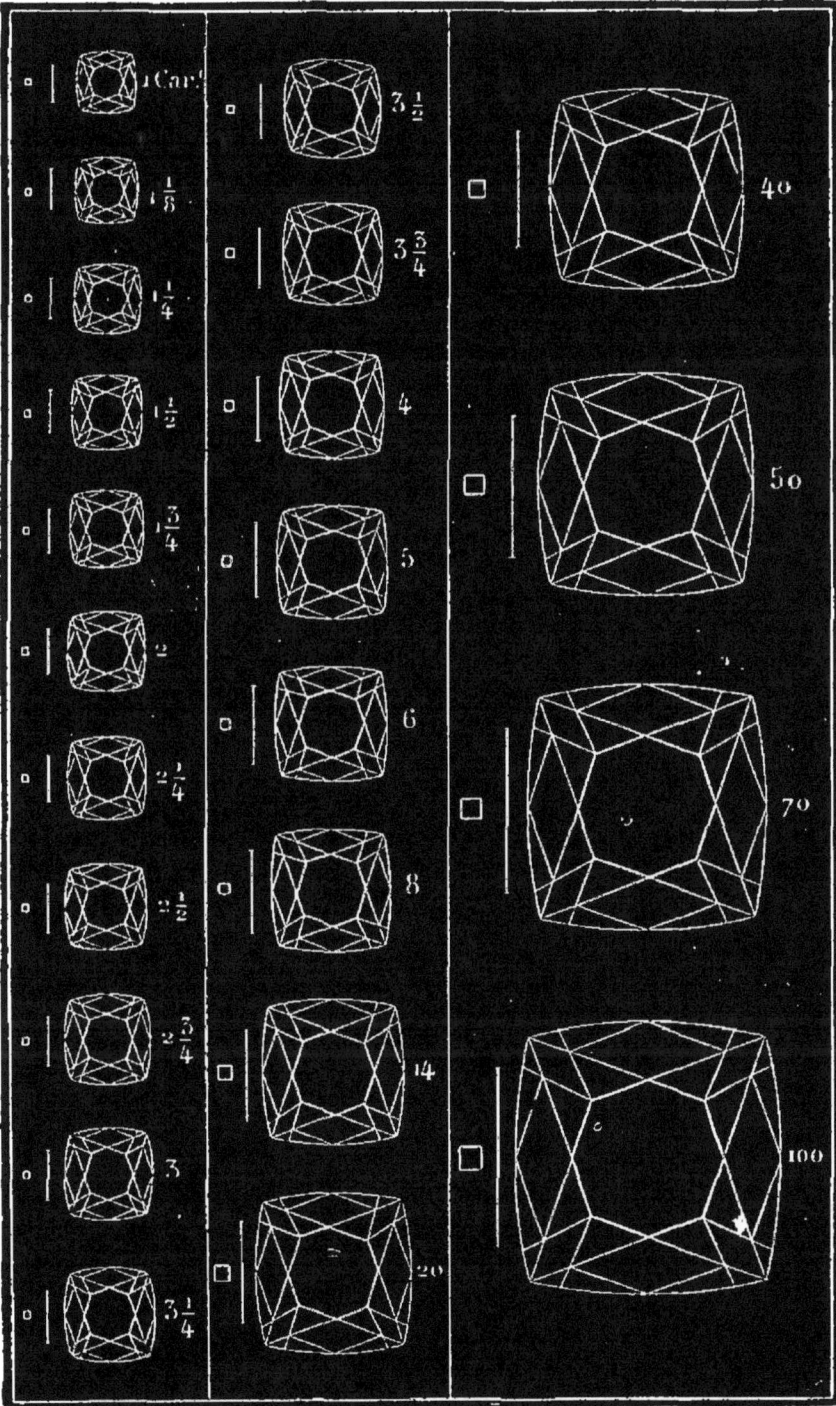

Fig. 49. — Surfaces des brillants comparées à leur poids. — Les lignes
verticales indiquent l'épaisseur de la pierre.

Autriche. — Le plus beau diamant autrichien est le *Grand-Duc de Toscane*. Il est un peu jaune, taillé à neuf pans, et couvert de facettes formant une étoile à neuf rayons.

Ce diamant appartenait à Charles le Téméraire, qui le perdit à la bataille de Granson. Trouvé par un soldat, il fut vendu par un marchand génois à Ludovic Sforza, duc de Milan. Il devint ensuite la propriété du pape Jules II, qui en fit présent à l'empereur d'Autriche. Ce diamant était, à Granson, accompagné d'un autre plus petit que Charles le Téméraire portait à son cou. Il fait aujourd'hui partie des pierreries qui ornent la tiare du pape à Rome. Le *Grand-Duc de Toscane* pèse 139 ½ carats (fig. 50).

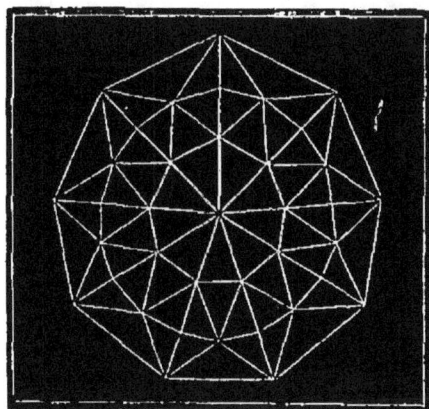

Fig. 50. — Le *Grand-Duc de Toscane*.

Égypte. — L'Égypte possède un très beau brillant de 40 carats qui porte le nom de *Pacha d'Égypte*. Il a coûté 700 000 francs (fig. 51).

On cite en Hollande un diamant de 36 carats, estimé 260 000 francs, et un autre, dans le trésor de Dresde, qui pèse 31 carats ¼.

Un diamant complètement noir fut vendu par M. Bapst à Louis XVIII, pour la somme de 24 000 francs ; mais il ne fut jamais livré. Il avait une couleur bistre très foncée, était taillé très mince, et possédait un éclat superficiel très remarquable.

Pour clore la liste par une exception au milieu de ces brillantes exceptions de la nature, nous citerons le *diamant bleu* de M. Hope. Son poids de $44\frac{1}{8}$ carats le place au second rang pour les dimensions ; mais sa couleur bleue du plus beau saphir, jointe à l'éclat adamantin le

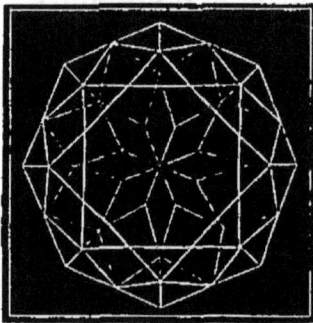

Fig. 51. — *Le Pacha d'Égypte.*   Fig. 52. — *Diamant bleu* de Hope.

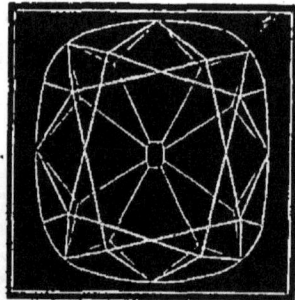

plus vif, en fait véritablement une pierre sans pareille. Il a été payé 450 000 francs. De l'avis des hommes compétents, il vaut davantage (fig. 52).

GRAVURE SUR DIAMANT

Malgré sa dureté prodigieuse, le diamant a été gravé. On en voyait un à l'Exposition universelle de 1867 dans la section italienne. Il avait été gravé au seizième siècle par Jacopo ou Come de Trezzo. Il était enchâssé dans un anneau d'or cylindrique et uni, à l'aide d'un chaton mobile à tourillons.

Les tableaux (figures 45 et 49) indiquent, pour les brillants et pour les roses, les rapports des poids et des grandeurs.

IV

Tout le monde connaît l'argile, cette terre qui fait si facilement pâte avec l'eau. Elle joue dans l'agriculture et dans l'industrie un rôle de premier ordre.

Toutes les terres végétales, en effet, par cela seul qu'elles sont de bonne qualité, renferment de l'argile. D'abord l'élément principal de cette substance, l'alumine, est nécessaire au développement des plantes, et ensuite sa présence en quantité suffisante retient, dans une mesure convenable, l'humidité du sol indispensable à la vie végétale.

Pour indiquer l'importance de l'argile dans l'ordre industriel, il nous suffira de dire que toutes les tuiles, toutes les briques, toutes les poteries, depuis les plus grossières jusqu'aux chefs-d'œuvre de la céramique qui sortent de la manufacture de Sèvres, sont à peu près exclusivement formées de cette substance si commune et si vulgaire, l'argile.

Qu'est-ce que l'argile?

Il est impossible de répondre d'une manière catégorique à cette question, parce qu'on comprend sous ce nom une foule de mélanges dont la composition est extrêmement variable ; mais la seule chose qu'il nous importe de savoir ici, c'est que le principal élément constitutif de l'argile est l'alumine.

Dans ces derniers temps l'industrie s'est·enrichie d'une importante conquête, l'aluminium, ce nouveau métal que tout le monde connaît et qui, soit seul, soit allié à plusieurs autres métaux, se prête avec un succès complet aux multiples besoins des arts et de l'industrie. C'est là, on le sait, une découverte et une création dont notre époque est redevable à l'une de nos gloires fran çaises les plus incontestables et les plus sympathiques, à M. Henri Sainte-Claire Deville..

Si l'on combine ce métal avec l'oxygène de l'air, le métal disparaît et se transforme complètement en une rouille d'aluminium, absolument comme le fer brillant et métallique se transforme en rouille de fer dans les mêmes conditions ; seulement la rouille d'aluminium est blanche au lieu d'être rouge. Cette rouille blanche est l'alumine pure.

Or cette alumine existe toute formée en quantité prodigieuse, non seulement dans les terres végétales, mais encore dans une portion considérable des roches constituantes de notre globe. Généralement elle est mélangée soit avec d'autres substances, mais parfois aussi elle est d'une pureté presque absolue. Il est d'ailleurs toujours possible, et souvent à peu de frais, d'extraire de l'alumine pure d'une argile quelconque.

Maintenant quelle est la composition des pierres dont les noms figurent en tête de ce chapitre?

Quelques-unes, et précisément les plus précieuses, sont formées par de l'alumine à peu près pure. Elles renferment seulement, en outre, quelques traces de matières étrangères, généralement de l'oxyde de fer.

Malgré leurs faibles proportions, ces matières n'en

sont pas moins très importantes, puisque ce sont-elles qui, par leur union avec l'alumine, donnent aux pierres précieuses dont nous nous occupons leur couleur si remarquable et, par suite, une grande partie de leur valeur commerciale.

Mais si le rubis, le saphir, etc., sont presque exclusivement formés d'alumine, il faut nous hâter d'ajouter que cette alumine est *cristallisée*, et on comprendra immédiatement la cause de la distance énorme qui sépare l'alumine pulvérulente de celle qui constitue les pierres précieuses.

Il existe dans l'industrie une foule de tissus très différents par la valeur, l'aspect, la couleur, etc., et qui cependant ont tous pour matière première une même substance, la soie ou le coton par exemple. Il en est de même pour les pierres précieuses. Beaucoup offrent extérieurement des caractères très différents, mais quand l'analyse chimique a été assez avancée pour qu'il fût possible de remonter à la connaissance de leurs principes constituants, on a vu que bien des pierres jusque-là séparées se réunissaient en un même groupe, et surtout, que des pierres réunies ou même considérées comme identiques devaient être placées à des distances quelquefois énormes.

« Avant de parler des pierres de couleur, une première question se présente, et l'on se demande si la science peut expliquer la coloration de ces gemmes. Il est, je pense, bien peu de lecteurs de ces études qui ne sachent que les rayons blancs que le soleil nous envoie, comme tous les autres rayons blancs, savoir ceux de la lune, des planètes et des étoiles, ne sont pas de la lumière simple; dans bien des cas ils se décomposent en un grand nombre de rayons colorés. Ainsi, quand la lumière du soleil traverse la baguette triangulaire de cristal appelée prisme, elle s'y brise et va tracer sur un carton blanc une belle bande irisée dans laquelle Newton a marqué sept couleurs, d'après des idées d'analogie avec les sept notes de la musique, idées qui depuis se sont trouvées sans aucun fondement, puisque chaque prisme donne sa bande irisée particulière. Newton choisit les sept couleurs que voici :

Violet, indigo, bleu, vert, jaune, orangé, rouge, dont les noms (en faisant *violet* de deux syllabes) forment un vers mnémonique alexandrin. L'expérience n'est pas nouvelle. Les Romains et les Grecs l'avaient faite, et Néron, qui en mourant plaignait le monde de perdre en lui un si grand artiste (*qualis artifex pereo*), l'avait chantée en vers. Un enfant qui souffle une bulle de savon lui fait aussi produire des couleurs splendides quoiqu'il n'y ait pour illuminateur que la lumière blanche du jour. En un mot, toute lame mince d'une substance quelconque se colore fortement sous les rayons blancs qu'elle reçoit.... La cause des couleurs propres des corps est encore à peine entrevue, et nous pouvons répéter en 1855 ce qu'à la fin du dix-huitième siècle écrivait Huygens : « Malgré les travaux de *monsieur Newton*, on peut dire que personne n'a encore trouvé la cause des couleurs dans les corps. » (M. Babinet.)

CORINDON

Dans le groupe qui va nous occuper tout d'abord, les minéralogistes modernes ont appelé d'un nom unique, *corindon* [1], tous les minéraux constitués par de l'alumine

---

1. Quelle que soit l'origine du mot *corindon*, elle doit être fort ancienne, puisque les Chinois emploient ce mot, et les Indiens de Golconde un mot analogue (*corind*) pour désigner l'émeri, qui est lui-même un véritable *corindon*.

cristallisée à peu près pure, et sans tenir compte de la couleur de ces minéraux.

Le corindon comprend trois variétés : le corindon hyalin, le corindon lamelleux et le corindon granulaire. Nous n'avons ici à nous occuper que de la première, puisqu'elle comprend toutes les pierres précieuses proprement dites.

La forme primitive des cristaux de corindon est le prisme à six faces (fig. 53), mais la forme la plus générale pour le corindon hyalin est le dodécaèdre triangulaire isocèle (fig. 54).

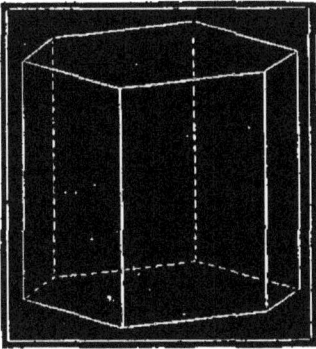

Fig. 53. — Forme primitive du corindon.

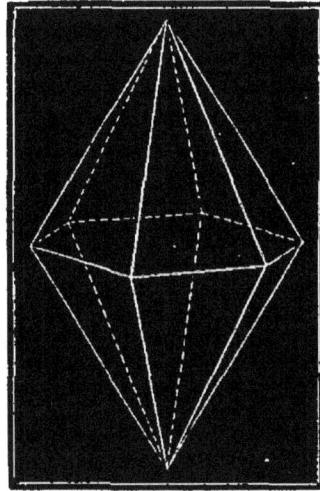

Fig. 54. — Forme la plus commune du corindon.

Presque tous les corindons hyalins susceptibles d'être employés en bijouterie proviennent du Pégu. Le prix de ces pierres est très élevé. Il n'est pas rare que la valeur du rubis soit supérieure à celle du diamant. Lors de la vente des pierres fines du cabinet de M. Drée, un très beau diamant de 8 grains (2 carats) a été payé 800 francs, tandis qu'un rubis exactement de même poids a été vendu 1000 francs. Dans la même vente, le prix d'un rubis de 10 grains s'est élevé jusqu'à 14 000 francs. Du reste, la valeur du rubis et en général des pierres fines varie beaucoup avec la richesse de ton qu'elles offrent.

Lorsque le corindon est parfaitement incolore, il possède un éclat assez vif, et dans quelques circonstances on a fait passer cette pierre pour du diamant. La dureté de ce dernier, supérieure à celle du corindon, suffit pour le distinguer. Toutefois, comme on se résout à regret à rayer les pierres fines, parce qu'on est obligé, pour les repolir, de diminuer leur épaisseur, on a soin de consulter, avant tout autre essai, leurs pesanteurs spécifiques [1].

Cette connaissance suffit, en effet, pour distinguer le diamant du corindon hyalin, puisque celle du premier est 3,5 et celle du second 3,9. Il est, du reste, un autre caractère bien plus sûr encore, dont nous avons parlé dans le chapitre Ier; c'est de déterminer si la pierre examinée possède la réfraction simple ou la réfraction double. On conclut alors, sans hésitation, que, dans le premier cas, c'est un diamant, et, dans le second un corindon, pourvu qu'on ait seulement à se prononcer entre ces deux pierres.

Suivant les teintes que possède le corindon, il porte des noms différents et représente des valeurs variables, bien que toujours très élevées.

Le corindon incolore porte le nom de *saphir blanc.*
Le rouge cramoisi, *rubis oriental.*
Le rouge de rose, variété du *rubis oriental.*
Le bleu d'azur, *saphir oriental.*
Le bleu indigo, *saphir indigo.*
Le violet, *améthyste orientale.*
Le jaune, *topaze orientale.*
Le vert, *émeraude orientale.*

1. L. Dufrénoy, t. II, p. 458.

RUBIS

Il n'existe qu'un vrai rubis; c'est le rubis oriental.

Le rubis spinelle et le rubis balais doivent être soigneusement distingués du précédent, puisqu'ils n'ont ni la composition ni la constitution du rubis d'Orient.

« Le rubis oriental est pour le prix comme pour la beauté la première des pierres de couleur. Pour avoir sa couleur dans sa plus belle qualité, il faut prendre celle du sang qui jaillit de l'artère, ou le rayon rouge du spectre solaire dans le milieu de l'espace qu'il occupe. C'est encore la couleur rouge de la palette du peintre, sans aucun mélange de violet d'une part et d'orangé de l'autre. Plusieurs des vitraux rouges de nos anciennes basiliques traversés par les rayons du jour nous donnent cette couleur éclatante. Le rubis est excessivement dur, et, après le saphir, qui le surpasse un peu sous ce rapport, c'est la première des pierres, toujours en exceptant le diamant, à qui rien ne peut être comparé. D'après une remarque parfaitement juste de M. Charles Achard, plus compétent que personne en France en ce qui touche le commerce des pierres de couleur, il n'en est pas de même pour ces pierres que pour le diamant, qui, depuis le plus petit échantillon jusqu'aux diamants princiers ou souverains, a, comme l'or et l'argent, un prix en proportion avec son poids. Pour le rubis et les autres gemmes, les petits échantillons n'ont presque aucune valeur, et ces pierres ne commencent à être appréciées qu'au moment où leur poids les tire d'un pêle-mêle vulgaire, et leur assure à la fois, la rareté et un haut prix. Qu'un rubis parfait de 5 carats (environ 1 gramme, poids d'une pièce de 20 centimes) circule dans le commerce, on en offrira un prix double d'un diamant de même poids, et si ce rubis atteignait un poids de 10 carats, on pourrait en demander le triple d'un diamant parfait de poids pareil, lequel prix serait cependant de 20 à 25 000 francs. J'ai vu plusieurs belles collections d'amateurs, visité et consulté plusieurs lapidaires : tout le monde admet qu'un rubis parfait est la plus rare de toutes les productions de la nature. La teinte du rubis, au jour comme aux lumières, a le même avantage. » (M. Babinet.)

La pierre précieuse désignée par les anciens sous le nom d'escarboucle n'était autre chose que le rubis des modernes.

L'escarboucle est probablement la substance à laquelle on a prêté les propriétés les plus fantastiques, et généralement en s'appuyant sur l'autorité des anciens, sur celle de Pline en particulier. Cependant, quand on recherche l'origine de ce nombre infini de contes et de légendes qui se rattachent en particulier aux pierres précieuses, on reconnaît qu'elle ne peut pas remonter si haut.

Ainsi, on voit très bien que tout ce que dit Pline de l'escarboucle peut facilement s'appliquer au rubis moderne. Mais que trouve-t-on dans les auteurs qui l'ont suivi?

L'escarboucle servait à éclairer certains grands serpents ou dragons, quand la vieillesse avait affaibli leurs yeux. Ils portaient constamment cette pierre merveilleuse entre leurs dents, et ne la déposaient que pour boire et pour manger.

L'escarboucle élevée à la dignité de lanterne pour éclairer la marche des vieux dragons est déjà, en soi, une idée passablement pittoresque; mais, s'il fallait en croire saint Épiphane, l'escarboucle n'aurait pas seulement la propriété de briller et de rayonner dans l'obscurité, sa lumière serait d'une nature si extraordinaire que rien ne pourrait l'arrêter, et que les vêtements, par exemple, n'empêcheraient nullement ses rayons de se propager au dehors!

Il n'est pas douteux, du reste, que l'éclat de l'escarboucle ou rubis, éclat très réel, n'ait été le point de départ de toutes ces histoires; seulement, chacun prenant ce que les auteurs précédents avaient écrit avant lui, et enchérissant sur eux, on est tout naturellement arrivé aux prodigieuses exagérations dont nous venons de citer quelques exemples.

Si aujourd'hui il est bien avéré que l'escarboucle des anciens comprenait notre rubis oriental, il est certain aussi que ce nom était appliqué par eux, et par Pline en particulier, à toutes les pierres rouges, rubis oriental, rubis spinelle, grenats, etc. C'est ce qui a lieu encore aujourd'hui dans les Indes, où l'on désigne par le seul nom de *rubis* les pierres précieuses colorées.

Quand le Pégu, cette patrie du rubis, fut annexé aux possessions anglaises, en 1852, on crut que l'Europe allait recevoir au moins une partie des rubis entassés pendant de longs siècles par les rois de ce pays. Cette attente a été complètement trompée. Il n'est pas certain, du reste, que les mines de ce pays continuent à être exploitées. Il paraît que les régions qui les renferment sont extrêmement dangereuses à aborder, à cause des tigres, des lions, des serpents, etc. Il est bien probable que les négociants en rubis exagèrent à dessein les dangers pour éloigner la concurrence, mais il est certain que cette partie de l'Asie est une des plus inconnues du globe, et, d'un autre côté, l'état actuel bien constaté de l'île de Bornéo. semble justifier l'opinion précédente.

RUBIS SPINELLE ET RUBIS BALAIS

A la suite du rubis oriental il faut placer deux autres

productions différant beaucoup de la gemme précédente, c'est le rubis spinelle et le rubis balais.

En général, le premier est rouge ponceau assez vif, le second rose violacé ou rose vinaigre; mais ce n'est pas là une règle absolue, puisque le Pégu fournit des spinelles blancs et blanc violacé, et qu'on en tire d'Aker en Sudermanie qui sont d'un gris bleuâtre.

Outre les lieux cités plus haut, on rencontre encore les spinelles à Ceylan et dans beaucoup d'autres contrées de l'Orient. Partout on les ramasse roulés dans les lits des torrents au milieu des dépôts d'alluvions.

La forme primitive des cristaux de spinelle est l'octaèdre, comme celle du diamant. Ce caractère suffit donc pour permettre de distinguer immédiatement un rubis spinelle ou un rubis balais d'un rubis oriental, puisque les cristaux de ce dernier se présentent sous forme de baguettes à six pans coupées carrément aux deux bouts.

La composition des rubis spinelle et balais diffère essentiellement de celle du rubis oriental. En effet, celui-ci, on le sait, est un corindon, c'est-à-dire est formé à peu près exclusivement d'alumine, tandis que le spinelle n'en renferme plus que 70 pour 100, le reste, c'est-à-dire 30 pour 100, étant surtout formé par de la magnésie Sa couleur, en outre, est due, au moins en partie, à l'oxyde de chrome, tandis que le rubis oriental n'en renferme pas la moindre trace.

Bien qu'au point de vue scientifique, le rubis balais ne diffère pas du rubis spinelle, et que la plupart des ouvrages spéciaux les confondent même complètement, il faut remarquer qu'il existe dans le commerce une pierre appelée rubis balais, dont le prix est très inférieur à celui du spinelle.

C'est ainsi qu'en se rapportant à l'inventaire des pierres précieuses de la couronne de France, on voit immédia-

tement que le prix moyen du rubis balais est quatre ou
cinq fois plus faible que celui du spinelle.

RUBIS CÉLÈBRES

Le plus gros rubis connu est celui dont parle Chardin,
sur lequel était gravé vers la pointe le nom de Scheik
Sephy.

Un autre, également pos-
sédé par le roi de Perse, a
été figuré par Tavernier.
Nous le reproduisons ici. Il
pesait 175 carats (fig. 55).

Un troisième, appartenant
au roi de Visapour, avait la
figure et les dimensions suivantes (fig. 56).

Il était, comme on le voit,
taillé en cabochon.

Il avait été payé, en 1653,
74 550 francs.

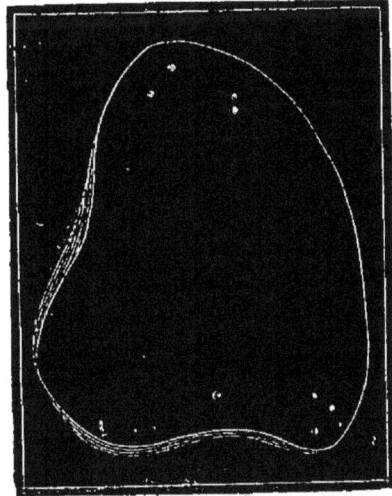

Fig. 55. — Rubis du roi de Perse.

Un quatrième,
vu par Tavernier
dans l'Inde, est re-
présenté fig. 57.

Bien qu'au ju-
gement de Taver-
nier lui-même,
il fût de seconde
beauté, ce célèbre
voyageur en offrit
60 000 francs à
son propriétaire,

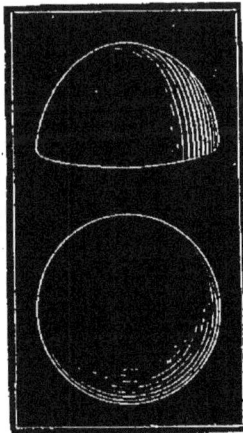

Fig. 56. — Rubis
du roi de Visapour.

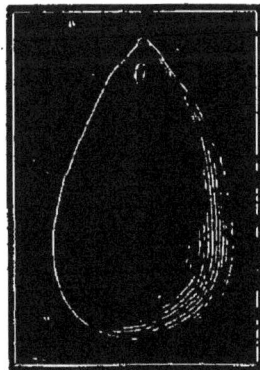

Fig. 57.
Rubis indien.

négociant en diamants. Il ne put l'obtenir à ce prix.

Un quatrième est celui que possédait Gustave-Adolphe et dont il fit présent à la czarine en 1777, lors de son voyage à Saint-Pétersbourg. Il était de la grosseur d'un petit œuf de poule.

On voit enfin, par l'inventaire de 1791, que la France possédait alors 81 rubis d'Orient, estimés 33 600 francs.

GRAVURE SUR RUBIS

Les anciens ont peu gravé sur rubis. Pline en donne une singulière raison, c'est que les cachets faits avec cette substance *enlevaient la cire.*

La dureté excessive du rubis, son prix très-élevé, la grande rareté des morceaux propres à la gravure, sont certainement les véritables raisons qui ont empêché les artistes de l'antiquité de graver le rubis. Il faut, du reste, remarquer que l'impossibilité où étaient probablement les anciens de *polir* les cavités faites dans cette substance pouvait bien entraîner, pour les cachets de rubis, le défaut dont parle Pline.

On trouve dans le *Muséum* d'Odescalque le dessin d'un rubis gravé représentant Cérès debout tenant un épi à la main.

Une autre gravure sur rubis montre une tête d'homme barbu à cheveux crêpés, que l'on a cru être un philosophe grec, Ce rubis était taillé en cœur : il faisait partie de la collection du duc d'Orléans.

Les deux gravures dont il vient d'être question sont sur rubis spinelle.

SAPHIR

Le mot *saphir* paraît venir du syriaque *saphilah,* expression qui désigne la même substance dans cette langue orientale.

On connaît dans le commerce quatre pierres différentes qui portent le nom de saphir :

> Le saphir d'Orient,
> Le saphir du Brésil,
> Le saphir du Puy,
> Le saphir d'eau.

Les trois premiers seuls sont des corindons et appartiennent, par conséquent, au véritable saphir. Le dernier,
que nous retrouverons dans le chapitre suivant, est un
quartz coloré, et constitue une pierre à peu près sans
valeur.

Le saphir d'Orient était connu dès la plus haute antiquité; il faisait déjà partie, comme nous l'avons vu, du
rational d'Aaron. C'était pour les anciens la gemme des
gemmes, la pierre sacrée par excellence.

Les premiers saphirs apportés en Europe venaient de
l'Arabie ; plus tard, la Perse en envoya ; aujourd'hui on
les tire de l'Asie et du Brésil, et on confond, sous le
nom de saphir oriental, les pierres ayant ces deux provenances.

Quand on examine au microscope certains saphirs,
généralement un peu pâles, on constate l'existence de
traits dirigés dans le sens des faces des prismes à six
pans. Ces traits en filets sont dus à des matières étrangères ou à quelques vides laissés entre les molécules au
moment de la cristallisation. La lumière, en se réfléchis-
sant sur ces filets qui sont entre-croisés, forme une étoile
à six branches extrêmement remarquable, et, à cause de
cette circonstance, les saphirs qui possèdent cette propriété sont appelés saphirs astéries, c'est-à-dire saphirs
étoilés.

Les Orientaux ont une véritable vénération pour les
saphirs astéries, et, dans ses voyages en Afrique, M. d'Ab-

badie a souvent commandé le respect des indigènes en
faisant briller à leurs yeux un saphir de cette espèce qu'il
portait toujours avec lui.

Il est extrêmement rare de rencontrer une pierre cristallisée dont toutes les parties soient parfaitement homogènes, et dans lesquelles, par suite, la lumière se trans-
mette d'une manière uniforme. C'est dire que, si l'on regarde ces substances non plus par réflexion, comme dans
le cas précédent, mais par transparence, le phénomène
de l'astérie se produira presque toujours. M. Babinet a
montré qu'on pouvait faire naître artificiellement ces
astéries sur un simple morceau de verre en traçant des
séries de lignes très-fines, ou plus facilement encore, en
promenant sur une lame de verre, toujours dans le même
sens, le doigt imprégné d'une substance grasse, de manière à ternir à peine sa surface. Si à travers ces lames
ainsi préparées, on regarde une bougie placée à une certaine distance, on voit se produire aussitôt une bande de
lumière blanche transversalement à chaque direction des
filets.

Ceylan fournit au commerce une pierre verdâtre assez
curieuse, appelée *Œil de chat*. Elle renferme dans son
intérieur des filets d'amiante blancs, sur lesquels la lumière se réfléchit d'une manière intense. Quand ces
pierres sont taillées en cabochon, la bande semble flottante et changer de position à mesure qu'on déplace la
pierre par rapport à l'œil. Ce phénomène naturel se rattache complètement à ceux que nous avons exposés plus
haut.

Le saphir du Puy se rencontre dans le ruisseau d'Expilly. Sa couleur varie du bleu le plus foncé au bleu le
plus pâle; parfois elle passe au bleu rougeâtre et même
au vert jaunâtre. La pâte n'est pas toujours homogène,
et les échantillons qui montrent la plus belle eau sont

Fig. 58. — Vue de la montagne d'Expilly.

ceux dont la teinte tire sur le vert. On les trouve au milieu d'un sable ferrugineux provenant de la décomposition de roches basaltiques.

La figure 58 est une vue de la montagne et du ruisseau d'Expilly, où l'on rencontre les saphirs du Puy.

Parmi les saphirs célèbres, nous citerons d'abord celui qui figure dans le fameux et triste *procès du collier*.

Trouvé au Bengale par un pauvre homme qui vendait des cuillers de bois, il fut apporté en Europe et acheté par la maison Raspoli de Rome. Plus tard, il devint la propriété d'un prince allemand, qui le revendit à un joaillier français, du nom de Perret, pour 170 000 francs. Cette belle pierre, sans taches ni défauts d'aucune sorte, pèse 133 $\frac{1}{16}$ carats. Elle fait aujourd'hui partie des richesses du Muséum d'histoire naturelle de Paris.

On voit encore, dans la même collection, un saphir d'une grande beauté, mais surtout d'une grandeur exceptionnelle. Il est ovale et mesure 50 millimètres sur 36.

Il existe enfin, en Angleterre, deux saphirs magnifiques. Ils appartiennent à miss Burdett Coutts; ils sont estimés 750 000 francs.

GRAVURE SUR SAPHIR

Les anciens ont gravé le saphir, malgré son extrême dureté. On cite en particulier:

Un saphir à deux teintes, dont l'artiste avait tiré un merveilleux parti. Il avait représenté une femme entourée d'une draperie; l'une des teintes correspondait à la tête de la femme, et l'autre à la draperie. Cette belle production, qui faisait partie de la collection du duc d'Orléans, appartient maintenant à la couronne de Russie.

Le cabinet de France possède sur saphir une *intaille* très remarquable, représentant l'empereur Pertinax.

La merveille du genre est probablement une gravure de Cneïus, représentant de profil un jeune Hercule. Elle faisait partie du cabinet Strozzi, à Rome.

TOPAZE

On divise les topazes, comme la plupart des autres pièrres précieuses, en orientales et occidentales.

La topaze orientale doit être, à tous les points de vue, soigneusement distinguée, car elle seule est formée d'alumine pure. Les autres n'admettent plus cette substance que pour 57 ou 58 centièmes au nombre de leurs éléments.

La topaze des modernes est la chrysolithe des anciens. C'est un corindon coloré en beau jaune d'or par une faible quantité d'oxyde de fer. Cette pierre est maintenant très rare, et quand à la finesse de sa pâte elle joint une couleur franche et satinée, elle acquiert un prix considérable. Il faut bien remarquer cependant que la topaze, même la plus parfaite, ne peut jamais atteindre la valeur d'un rubis, d'un saphir ou même d'une belle émeraude à dimensions égales.

Topazes occidentales. — Les pierres ainsi désignées ne sont plus des corindons. Elles ont une composition plus complexe, et en outre l'analyse des échantillons de diverses provenances ne conduit pas aux mêmes résultats, preuve évidente que les topazes occidentales ne sont pas identiques. On les a dès longtemps divisées en quatre variétés :

Topaze du Brésil,
Topaze de Saxe,
Topaze du Mexique,
Topaze de Sibérie.

Il faut dire cependant que, si les rapports des principes constituants sont un peu différents d'une variété à l'autre, la nature de ces éléments ne change pas. Une topaze occidentale est, dans tous les cas, formée par une combinaison d'alumine, de silice et d'acide fluorique. La présence de cette dernière substance, qui ne se rencontre dans aucune autre pierre précieuse, caractérise parfaitement le genre topaze au point de vue de la composition chimique.

Le type primitif, auquel se rapportent les cristaux de topazes occidentales, est le prisme rhomboïdal droit.

Les faces du prisme dominant constamment, il en résulte que les cristaux de topaze ont toujours entre eux la plus grande analogie, ce qui fait reconnaître très facilement ce minéral. Ils montrent, en outre, suivant leurs provenances, certaines modifications assez constantes, qui, jointes à la couleur, permettent le plus souvent de décider à laquelle des quatre variétés précédentes il faut rapporter le cristal examiné.

Fig. 59.
Type des cristaux de topaze.

Ainsi la topaze de Saxe se présente généralement sous la forme d'un prisme rhomboïdal basé, et sa couleur varie du *jaune orangé* au *jaune paillé*.

La topaze du Brésil montre le plus souvent un prisme rhomboïdal surmonté d'un pointement à quatre faces, et sa couleur comprend toutes les nuances entre le *jaune orangé* et le *jaune de vin*.

La topaze de Sibérie se rencontre presque toujours en prismes rhomboïdaux terminés par un biseau ; elles sont bleuâtres, verdâtres ou même tout à fait incolores. Il faut remarquer que, si au point de vue de la composition

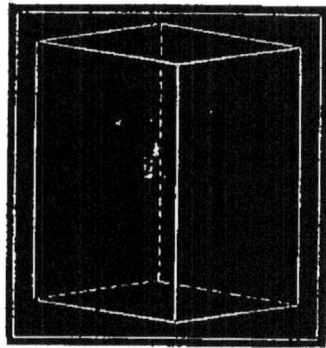

et de la forme cristallographique, les minéraux de la
Sibérie sont réellement des topazes, ils se rapprochent

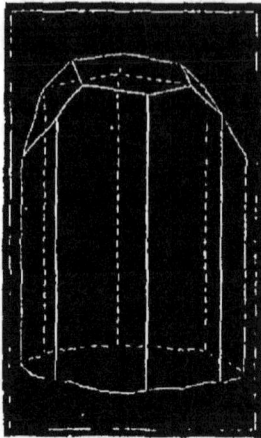

Fig. 60. — Topaze de Saxe.

Fig. 61. — Topaze du Brésil.

beaucoup de l'*aigue-marine* par leur teinte et leur transparence.

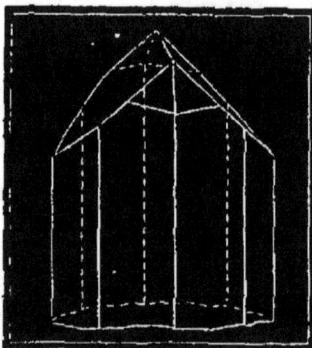

Fig. 62. — Topaze de Sibérie.

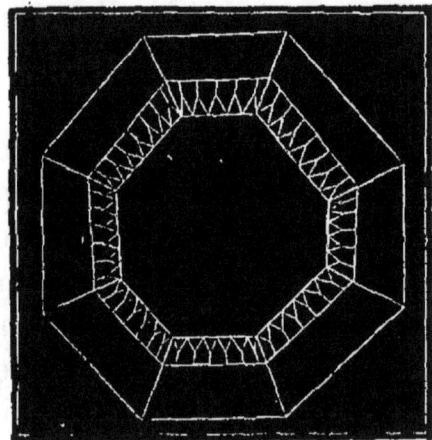

Fig. 63. — Topaze du Grand Mogol.

La figure précédente (fig. 63) montre la forme et les
dimensions d'une topaze célèbre qui fut achetée à Goa
par le Grand Mogol. Elle pesait 157 carats 3/4 et fut
payée 271 500 francs.

GRAVURE SUR TOPAZE

On avait cru pendant longtemps que les anciens n'avaient pas gravé sur cette gemme, mais Caire cite une topaze qu'il avait eue en sa possession, et qui portait à l'une de ses extrémités une légende en écriture carnatique dont le sens était : *Il ne s'accomplira que par Dieu.* Elle était percée de part en part, et constituait très probablement une amulette analogue à celles que portent encore aujourd'hui les Orientaux et les Arabes.

Une autre gravure célèbre sur topaze est celle qui représente Philippe II et don Carlos. C'est l'œuvre de Jacques de Trezzo.

Enfin on cite encore une topaze octogone, ayant appartenu à la collection d'Orléans, sur laquelle on voyait un Mercure sur son chapeau ailé.

AMÉTHYSTE

L'améthyste se divise, comme les autres pierres précieuses de premier ordre, en orientale et occidentale. L'améthyste orientale est une substance rare d'un éclat magnifique, d'une couleur violette légèrement nuancée de rouge.

L'améthyste était, comme nous l'avons vu, une des douze pierres sacrées du rational d'Aaron.

Dans les temps modernes l'améthyste est la pierre religieuse qui orne la croix et l'anneau pastoral des évêques catholiques.

Dans l'inventaire de la couronne de France de 1791 on voit figurer, sous la dénomination de pierres isolées et taillées, trois améthystes orientales, dont l'une, de 13 carats, $\frac{8}{16}$ est estimée 6000 francs.

Mais la plupart des améthystes du commerce sont des améthystes occidentales. Comme leur composition et leur valeur n'ont plus rien de commun avec celles des premières, nous reportons leur histoire au chapitre suivant, dont elles font naturellement partie.

GRAVURE SUR AMÉTHYSTE

Les gravures anciennes sur améthyste sont nombreuses. Celle que nous reproduisons représente Antonia, femme de Drusus l'ancien, en Cérès.

Fig. 64. — Antonia, femme de Drusus.

Elle est représentée de trois quarts, à mi-corps, laurée, voilée et tenant une corne d'abondance.

« Cette magnifique pierre nous offre le portrait d'une femme qui, comme l'a remarqué M. Charles Lenormant, semble établir un lien commun entre tous les événements du premier siècle de l'empire. En effet, Antonia était fille de Marc-Antoine et d'Octavie, nièce d'Auguste, arrière-petite-nièce de Jules César, belle sœur de Tibère, belle-fille de Livie, femme de Drusus l'ancien, mère de Germanicus, de Livilla et de l'empereur Claude, belle-mère d'Agrippine l'ancienne et aïeule de Caligula. Cette princesse, ajoute M. Lenormant, aussi distinguée par sa beauté que par ses vertus, résuma en elle-même toute la gloire et toutes les douleurs de son temps. » (M. Chabouillet.)

La Bibliothèque nationale possède encore un autre magnifique travail sur améthyste. C'est un buste de Mécène vu de profil, à un âge assez avancé, presque entièrement chauve. Ce travail est l'œuvre de Dioscoride, l'un des quatre célèbres graveurs cités par Pline.

Il n'est pas absolument prouvé que cette tête soit celle de Mécène; on avait même cru pendant longtemps que ce beau camée représentait Solon. Mais, au point de vue de l'art, ce point est peu important; quel que soit le personnage représenté, la gravure dont il s'agit est un des plus beaux fleurons de la collection de France.

ÉMERAUDE — BÉRYL — AIGUE-MARINE

Les trois substances dont nous venons d'écrire les noms sont, au point de vue de la composition, de la constitution cristallographique, etc., au point de vue scientifique en un mot, à peu près une seule et même substance. Mais, au point de vue commercial, il est loin d'en être ainsi. La valeur de la première est infiniment plus grande que celle des deux autres.

Nous allons donc, sous le nom générique d'émeraude, examiner les propriétés communes à ces trois corps : nous dirons ensuite ce qui appartient spécialement à chacun d'eux.

L'émeraude, quand elle possède une teinte verte, d'une belle nuance, et qu'elle est entièrement hyaline, constitue l'une des pierres les plus rares et les plus précieuses. Elle est au contraire assez commune à l'état de cristaux à demi transparents et d'un vert d'eau : il est peu de montagnes granitiques dans lesquelles on n'en observe. En France on en connaît dans la Bretagne, la Vendée, l'Auvergne et le Limousin. Dans cette dernière contrée les émeraudes atteignent des dimensions très considérables.

La coloration si remarquable de l'émeraude est due à une quantité assez notable, 8 à 9 pour 100, d'oxyde de chrome.

La forme fondamentale des cristaux d'émeraude est

9

le prisme régulier à six faces. Comme le côté de la base est à peu près égal à la hauteur, il en résulte que les faces des cristaux d'émeraude diffèrent en général assez peu du carré.

Une autre forme qui se présente très souvent est le prisme à douze faces. Il dérive directement de la forme primitive par la modification des six arêtes verticales.

L'émeraude, comme toutes les pierres comprises dans ce chapitre, est surtout formée d'alumine; mais au point de vue chimique, elle est extrêmement remarquable, en ce sens qu'elle renferme, en proportion assez considérable (12 à 15 pour 100), un corps rare, la glucine, dont la découverte marqua les débuts de l'illustre chimiste Vauquélin.

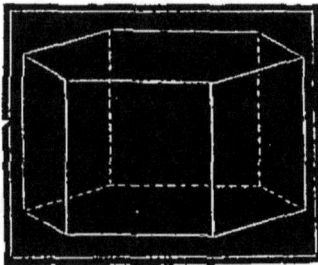

Fig. 65. — Forme fondamentale des cristaux d'émeraude.

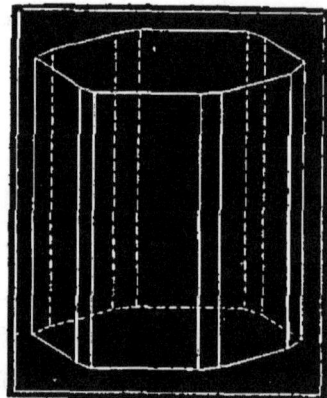

Fig. 66. — Forme très commune des cristaux d'émeraude.

On avait cru pendant longtemps que les émeraudes se trouvaient toujours en relation avec les roches granitiques; mais il n'en est rien. En 1848, M. Lévy a exploré la Nouvelle-Grenade, et, parmi les résultats extrêmement remarquables que la science a retirés de ce voyage, il faut surtout citer ce qui est relatif à la position géologique des mines d'émeraudes. M. Lévy a montré, en effet, que les plus beaux échantillons, ceux de la mine de Mouza, loin de se rencontrer dans les roches cristallines, existaient au contraire dans les terrains secondaires les mieux définis, dans cette division de la formation crétacée à laquelle les géologues ont donné le nom d'*étage néocomien*. Les fossiles rapportés par M. Lévy ne peuvent laisser aucun doute à ce sujet.

Disons, du reste, que depuis la publication de M. Lévy, MM. Nicaize et Montigny ont découvert dans la vallée de l'Harrach, à 15 kilomètres de Blidah (province de Constantine), un gisement d'émeraudes appartenant, comme celui d'Amérique, à la formation crétacée.

BÉRYL ET AIGUE-MARINE

Le béryl et l'aigue-marine ont, comme nous l'avons dit, la composition et la constitution générale de l'émeraude ; mais ils en diffèrent cependant par l'absence de l'oxyde de chrome, qui s'y trouve remplacé par de l'oxyde de fer. La coloration reste la même, mais elle est beaucoup plus faible et plus limpide que celle des véritables émeraudes.

Béryl. — Pour les lapidaires et les commerçants en pierreries, le béryl et l'aigue-marine constituent un groupe bien défini, tout à fait distinct de l'émeraude. Pour eux, le béryl est l'espèce orientale et l'aigue-marine l'espèce occidentale.

Pendant longtemps on n'a connu le béryl qu'aux Indes ; on l'a ensuite rencontré en Arabie, et, depuis quelques années, on en a trouvé des fragments remarquables en Russie, à Bérésof, et dans les micachistes des environs du lac Bolchoï.

Aigue-marine. — L'aigue-marine est une pierre dont la valeur est aujourd'hui très faible, et cependant, elle possède une propriété vraiment remarquable qui aurait dû l'empêcher de descendre au rang où nous la voyon aujourd'hui, *elle ne perd rien aux lumières.* « C'est, dit M. Babinet, un curieux spectacle de voir un magnifique saphir bleu, perdre le soir tous ses avantages, tandis qu'une pauvre parure d'aigue-marine, non seulement garde tout son effet, mais semble même gagner plus d'éclat. Les Anglais recherchent l'aigue-marine comme les Espagnols la topaze. »

La plus grande partie des aigues-marines du commerce sont fournies par le Brésil. Elles viennent en Europe complètement taillées et se vendent au poids, mais avec des variations extrêmes, puisque les grands et beaux échantillons valent de 400 à 500 francs l'once, tandis que les petits ne dépassent pas 25 francs. Autrefois l'aigue-marine était très-abondante en Daourie, sur les frontières de la Chine, d'où les négociants russes la rapportaient en échange de leurs pelleteries. Elle se rencontre aujourd'hui dans la Sibérie, les monts Ourals, les monts Altaï, etc.

L'émeraude, si estimée à notre époque, ne l'était pas moins des anciens. Voici en quels termes Pline parle de cette belle pierre.

Il n'est point de couleur plus agréable à l'œil que celle de l'émeraude. Car, quoique l'on prenne un grand plaisir à considérer la verdeur des herbes et des feuilles, on en goûte infiniment davantage à contempler les émeraudes, parce qu'il n'est pas de verdeur qui approche de la leur. De plus elles sont les seules pierreries qui contentent la vue sans la lasser. Et même, lorsque les yeux sont affaiblis pour avoir regardé attentivement quelque chose, la vue d'une émeraude les soulage et les fortifie. Les lapidaires n'ont rien qui récrée plus agréablement leurs yeux fatigués que la douce verdeur de cette pierre. Elle ne perd jamais son lustre ni au soleil, ni à l'ombre, ni aux lumières artificielles. Elle brille continuellement quoique doucement.

Parmi les pierres précieuses, il n'en est aucune qui ait fourni autant de prétextes que l'émeraude aux plus grandes exagérations.

Le livre d'Esther nous montre le salon d'Assuérus pavé d'émeraudes. Il est bien probable qu'il s'agissait seulement de jaspe.

C'est dans Hérodote que l'on trouve, pour la première fois, la description de ces émeraudes gigantesques dont Théophraste, Appien et Pline ont parlé plus tard.

Théophraste raconte qu'on trouve dans les livres des Égyptiens qu'un roi de Babylone avait envoyé à l'un de leurs rois une émeraude longue de quatre coudées et large de trois, et qu'il y avait en Égypte, dans un temple de Jupiter, un obélisque fait de quatre émeraudes seulement, lequel néanmoins était long de quarante coudées, large de quatre en certains endroits, et de deux en d'autres. Le même auteur ajoute que, à l'époque où il écrivait, on voyait encore, à Tyr, dans le temple d'Hercule, un pilier debout, fait d'une seule émeraude. Enfin, Appien rapporte qu'il existait, en Égypte, une statue colossale de Sérapis faite d'une seule émeraude, et dont la hauteur était de neuf coudées.

Il est parfaitement évident qu'en tout ceci on a dû confondre des substances diverses, et ensuite qu'aucune d'elles ne se rapporte à notre émeraude moderne. Il est bien probable que les productions dont il s'agit avaient pour matières constituantes des jaspes, des malachites, et surtout des masses vitreuses artificiellement colorées par des oxydes métalliques.

BÉRYLS ET AIGUES-MARINES REMARQUABLES

Le plus beau béryl connu est celui de M. Hope. Il pèse 184 grammes et a coûté 12 500 francs. Il vient de la mine de Cangayum dans le district de Coïmbatoor, aux Indes orientales. Il faut citer ensuite celui qui surmonte le globe de la couronne royale d'Angleterre. Il est parfaitement limpide et d'une couleur magnifique : il est taillé en forme ovale et paraît avoir 55 millimètres de long, 40 de large et 30 d'épaisseur.

Une aigue-marine célèbre est celle qui ornait la tiare du pape Jules II. Elle avait 55 millimètres de longueur sur 36 de largeur. Bien qu'un peu glaceuse, elle était considérée par les amateurs comme très remarquable.

Caire parle encore d'une aigue-marine qu'il avait vue à Londres. Taillée, elle pesait 250 carats et était estimée 2500 francs par son propriétaire.

Disons enfin qu'on a trouvé, en 1827, dans le bourg de Mouzinskaïa en Russie, un superbe échantillon d'aigue-marine.

Les Russes estiment, sérieusement, dit-on, ce morceau 600 000 francs.

GRAVURE SUR AIGUE-MARINE

On connaît un nombre considérable de gravures anciennes et modernes exécutées sur cette substance. Celle que nous reproduisons, et qui fait partie de la collection de la Bibliothèque nationale, représente Julie, fille de Titus, avec la signature du graveur Evodus derrière la tête.

« Tout concourt pour faire de cette magnifique pierre un monument de premier ordre. C'est le portrait authentique de la fille de Titus, de cette Julie qui, mariée à son cousin Flavius Sabinus, fut aimée par Domitien son oncle paternel. De plus, cette pierre porte une signature, celle d'Evodus, artiste grec, dont on connaît encore deux pierres signées : une sardoine représentant une tête de cheval... et une cornaline représentant une muse. Enfin cette pierre, qui a conservé sa monture du moyen âge, est du nombre de celles dont l'authenticité est incontestable, attendu qu'elles sont connues depuis plusieurs siècles, et qu'il est donc impossible de les attribuer aux artistes des temps mo-

dernes. L'aigue-marine d'Evodus faisait partie de la décoration d'un reliquaire conservé dans le trésor de l'abbaye de Saint-Denis. Ce reliquaire est nommé dans les anciens inventaires *escrain* ou *oratoire* de Charlemagne. Don Félibien en parle dans ces termes : « Ce reliquaire n'est qu'or, perles et pierreries. Sur le haut est représentée une princesse, que quelques-uns estiment être ou Cléopâtre ou Julie, fille de

Fig. 67. — Julie, fille de Titus.

l'empereur Tite. » La comparaison avec les médailles de Julie, fille de Titus, ne permet pas de conserver de doute sur le nom à donner à la femme représentée par Evodus : la ressemblance est frappante. La monture, en or de bas titre, remonte à une époque très reculée. Neuf saphirs surmontés, dans l'origine, chacun d'une perle fine, forment une sorte de couronne autour de la pierre. Il ne reste plus que six perles. L'un des saphirs, taillés en cabochon, est une intaille antique représentant d'un côté un dauphin, et de l'autre un monogramme surmonté d'une croix qui doit dater du cinquième au sixième siècle. On trouve dans ce monogramme les lettres ΜΑΘΥ, qui sont peut-être les initiales d'un possesseur, mais qui peuvent aussi désigner la Vierge, ΜΑΡΙΑ ΜΠΤΠΡ ΘΕΟΥ Marie, mère de Dieu). (M. Chabouillet.)

GRAVURE SUR ÉMERAUDE

La pâte sèche et cassante de l'émeraude se prête peu au travail de la gravure. Aussi, on connaît peu d'émeraudes gravées. On cite cependant une belle composition exécutée au moyen âge sur cette substance. Elle représente l'*Ame entraînée par les Plaisirs*.

CYMOPHANE

A la suite de l'émeraude nous plaçons la cymophane qui, comme elle, est formée d'alumine et de glucine.

La cymophane des minéralogistes modernes est la chrysolithe orientale, la chrysopale et le chrysobéryl des lapidaires. C'est une pierre remarquable par son éclat vif, son poli analogue à celui du saphir, et une teinte chaude et gaie. Mais ce qui lui a surtout donné de la célébrité, c'est la propriété qu'elle possède de montrer des reflets bleuâtres avec une teinte laiteuse qui semble flotter dans son intérieur. Cette dernière circonstance lui a fait donner, par Haüy, le nom qu'elle porte et qui signifie *lumière flottante*.

En général, les cristaux de cymophane se trouvent dans les terrains d'alluvion et sont toujours alors fortement roulés. Cette pierre a été rencontrée d'abord à Ceylan et au Brésil, dans les mêmes sables qui fournissent les cristaux de topaze, de corindon, etc., provenant de la désagrégation des roches anciennes. On l'a retrouvée ensuite à Haddam dans le Connecticut, et, plus récemment encore, dans l'Oural.

TURQUOISE

Il existe deux turquoises orientales, la *vieille roche* et la *nouvelle roche*, et une turquoise occidentale.

Ces expressions de *vieille* et *nouvelle roche* ont été d'abord apppliquées l'une et l'autre à la Perse, où elles étaient parfaitement justifiées. En effet, la mine de turquoise qui fournit les plus belles pierres est, dit Tavernier, à trois journées de Meched, tirant au nord-ouest, après avoir passé le gros bourg de Nichabourg : c'est la vieille roche. L'autre, qui en est à cinq journées, a été reconnue et exploitée plus tard ; elle fournit des turquoises d'un mauvais bleu blanchâtre qui sont presque sans valeur ; c'est la nouvelle roche.

Quand Tavernier voyageait dans l'Orient, il y avait déjà longtemps que le roi de Perse réservait pour lui tous les produits de la vieille roche. Il en faisait fabriquer des objets qu'il offrait ensuite en présent aux princes et aux rois.

Lors de l'ambassade fastueuse que le roi de Perse envoya à Louis XIV, il fit remettre au monarque français de nombreux et riches présents, parmi lesquels figuraient une grande quantité de turquoises. Mais tous ceux qui les virent furent unanimes pour convenir qu'elles n'offraient rien de remarquable, et ne répondaient nullement à l'idée qu'on se faisait en Europe de ces fameuses turquoises orientales, de vieille roche, tant vantées. Peut-être la mine était-elle déjà alors plus ou moins épuisée.

Turquoise orientale. — C'est encore une pierre alumineuse, mais l'alumine n'entre plus que pour moitié à peine dans sa constitution.

La couleur bleue si caractéristique de la turquoise est due, en grande partie du moins, à une combinaison dans laquelle entrent toujours l'acide phosphorique, le cuivre, le fer, et probablement aussi à l'eau dont elle renferme 18 à 19 pour 100.

La turquoise s'associant parfaitement avec les diamants, les perles, etc., est d'une grande ressource dans la joaillerie. Cette pierre est dès lors l'objet d'un commerce considérable ; mais, comme elle est assez abondante, elle n'est pas d'un prix bien élevé, à moins qu'on n'ait affaire à des échantillons d'un certain volume qui, alors, sont très rares.

A la vente du cabinet de M. Dree, une turquoise de vieille roche, de 12 millimètres sur 11, fut vendue 500 francs ; et ce qui montre bien la grande différence qui existe entre les turquoises de vieille et de nouvelle roche, c'est qu'à la même vente une turquoise de nouvelle roche, d'un très beau bleu de ciel, de 10 millimètres sur 9, fut vendue seulement 121 francs.

La turquoise est une des pierres que les Orientaux emploient le plus souvent pour faire leurs amulettes. On en rencontre très souvent sur lesquelles sont gravées des sentences généralement empruntées au Coran.

Turquoise occidentale. — La turquoise occidentale est une substance tout à fait spéciale par sa composition et surtout par son origine organique. C'est un véritable ivoire fossile produit par des dents d'animaux anciens amenées accidentellement en contact avec des substances cuivreuses, et qui en ont absorbé une quantité suffisante pour que la masse entière soit colorée en bleu céladon plus ou moins foncé.

GRAVURE SUR TURQUOISE

La dureté assez faible de la turquoise a probablement

dû empêcher les anciens de graver souvent sur cette pierre, en même temps que les spécimens de l'antiquité ont dû s'altérer en venant jusqu'à nous. Dans tous les cas, on connaît très peu de gravures sur turquoise. Cependant Caire en cite quelques-unes.

Une amulette de la collection Genevosio, convexe d'un côté et plate de l'autre, montrant sur l'une des faces Diane avec un voile sur la tête, tenant entre ses mains deux rameaux; sur l'autre, une espèce de sistre, une étoile et une abeille avec des mots grecs sur les deux faces.

Le cabinet du duc d'Orléans renfermait deux turquoises gravées; l'une montrant Diane avec son carquois sur l'épaule, et l'autre Faustine la mère.

On cite, dans la galerie de Florence, une turquoise grosse comme une petite bille de billard sur laquelle est gravée une tête. On avait cru y voir celle de César, mais il paraît qu'elle représente Tibère.

Le groupe que nous venons d'examiner comprend un certain nombre de pierres précieuses qui peuvent être facilement confondues soit entre elles, soit avec quelques autres gemmes que nous retrouverons dans le chapitre suivant.

En consultant le tableau placé à la fin de ce livre, dans lequel sont résumés les caractères généraux des pierres précieuses, on verra qu'il est presque toujours possible de distinguer assez facilement celles qui à première vue, pourraient être confondues.

Le *corindon transparent et incolore* ressemble au diamant, à l'émeraude aigue-marine, au spinelle blanc et au quartz.

Le corindon possédant la réfraction double et le diamant la réfraction simple, il suffira de regarder la flamme d'une bougie au travers de la pierre douteuse, comme nous l'avons indiqué dans le chapitre Ier, pour être aussitôt fixé.

Le poids spécifique du corindon, 3,90, permet de le distinguer immédiatement du quartz, dont le poids spécifique est 2,65, et de l'émeraude, ayant un poids spécifique de 2,65. Le spinelle blanc ayant, comme le diamant, la réfraction simple, il se distinguera du corindon à l'aide du même essai optique que le diamant.

Le corindon coloré en rouge peut se confondre avec le spinelle rouge, la tourmaline rouge et la topaze brûlée.

La distinction optique précédente, applicable au spinelle blanc, l'est complètement au spinelle coloré. Le poids spécifique de la tourmaline, 3,07, et celui de la topaze brûlée, 2,65, permettent encore très facilement, appliqués seuls, de séparer ces deux corps du corindon.

Le saphir oriental peut se confondre avec le saphir d'eau et l'émeraude bleue; le corindon vert avec l'émeraude de Bogota; le corindon jaune avec la topaze jaune, le quartz jaune, la cymophane et le zircon. Enfin l'améthyste occidentale peut se confondre avec l'améthyste orientale.

Dans tous ces cas, les poids spécifiques donnent des indications souvent suffisantes, et leur emploi combiné avec les autres caractères indiqués dans le tableau général, permet toujours d'arriver à une solution véritable.

Ces observations s'appliquent complètement aux pierres cristallisées comprises dans le chapitre suivant.

V

Quartz. — Topaze occidentale. —. Topaze enfumée ou diamant d'Alençon. — Améthyste occidentale. — Saphir d'eau. — Fausse émeraude. — Rubis de Bohème ou du Brésil. — Hyacinthe de Compostelle. — Iris. — Aventurine. — Opale. — Hydrophane. — Agate. — Calcédoine. — Chrysoprase. — Cacholong. — Héliotrope. — Onyx. — Sarde. — Sardonyx. — Sardoine. — Sardagate. — Jaspe.

Zircon. — Grenats. — Péridot. — Olivine. — Jade. — Tourmaline. — Lapis-lazuli. — Malachite. — Hématite.

Les pierres dont nous allons nous occuper se divisent naturellement en deux classes, comme l'indique leur disposition en tête de ce chapitre. Les premières sont formées à peu près exclusivement de silice, tandis que les dernières ont une composition plus complexe. La silice entre bien encore dans leur constitution en proportion considérable, mais elle est toujours combinée avec une ou plusieurs substances dont la nature varie pour chaque pierre.

PREMIÈRE CLASSE

Les pierres comprises dans cette classe forment, au point de vue de l'art, trois sections bien distinctes.

La première renferme toutes les pierres formées de silice pure *cristallisée*.

La deuxième comprend toutes les pierres formées de silice pure *non cristallisée*.

La troisième comprend les pierres formées de silice toujours à peu près pure, mais renfermant cependant quelques traces de substances colorantes, presque insignifiantes comme quantité, mais qui, au point de vue commercial et artistique, communiquent aux pierres une valeur toute spéciale.

Dans le premier groupe viennent se placer le quartz ou cristal de roche et toutes ses variétés. Dans le commerce, ces dernières portent des noms très différents, mais la composition reste toujours très sensiblement la même.

Que l'on imagine une pièce de soie blanche découpée en plusieurs morceaux, qu'on plonge chacun d'eux dans des cuves contenant des teintures de couleurs et d'intensités différentes, on obtiendra les teintes les plus variées. On pourra donner, à chaque morceau, suivant sa couleur, un nom spécial, mais ce sera toujours une même substance. Les parties en apparence les plus opposées ne différeront, en réalité, que par la présence d'une quantité toujours minime de matière colorante. Telle est, par rapport au quartz, l'image fidèle des pierres précieuses comprises dans cette première section. Nous allons donc étudier, avec des détails suffisants, cette dernière substance, et indiquer ensuite les modifications apportées à ce type par la présence des diverses matières colorantes.

PREMIÈRE SECTION

—

QUARTZ

Le quartz, appelé aussi cristal de roche, est une des substances les plus répandues à la surface de la terre et probablement dans son intérieur. Seulement, les cris-

taux d'une certaine dimension, ceux qui ont attiré l'attention des simples observateurs comme celle des savants, sont assez rares. On en trouve de magnifiques
échantillons dans les terrains anciens, qui, comme nous
l'avons dit, sont surtout formés de silice. Il est dès lors
tout naturel de les rencontrer dans cette position, mais,
ce qui l'est beaucoup moins, c'est qu'il n'est pas rare
de voir apparaître de magnifiques cristaux de quartz,
d'une pureté absolue, dans des roches à peu près exemp-
tes de toute trace de silice, dans le marbre de Carrare
par exemple, et dans certains terrains gypseux du midi
de la France.

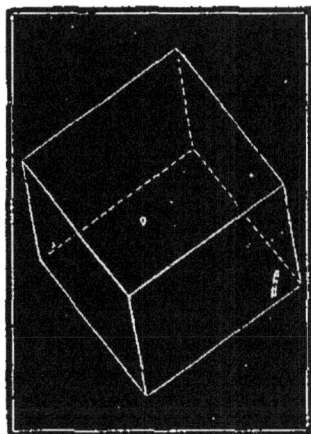

Fig. 68. — Forme primitive
du quartz.

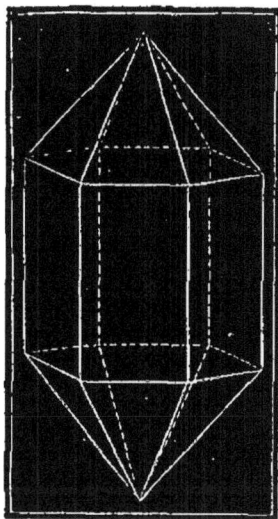

Fig. 69. — Forme la plus ordinaire
des cristaux de quartz.

Le quartz est formé par l'union de deux corps : l'un,
le *silicium*, est une substance analogue au charbon[1],
l'autre, l'oxygène, est un gaz et l'un des principes constituants de l'air atmosphérique.

La forme primitive du quartz est le rhomboèdre, mais
les cristaux primitifs sont extrêmement rares. La forme

1. Voir chapitre VII.

DIAMANTS

la plus commune est le prisme régulier à six faces, surmonté d'un pointement à six faces (fig. 69).

Il est assez rare que le pointement ait toutes ses faces égales, comme celles de la figure précédente. Ordinairement, au contraire, trois des faces se développent aux dépens des trois autres, et on a alors un cristal représenté par la figure 70.

Dans d'autres cas, assez communs encore, les sommets des cristaux sont tout à fait aplatis, et au lieu d'être terminés par des pyramides, ils le sont par des arêtes.

Dans ce cas le prisme est déformé et sa régularité disparaît en partie (fig. 71).

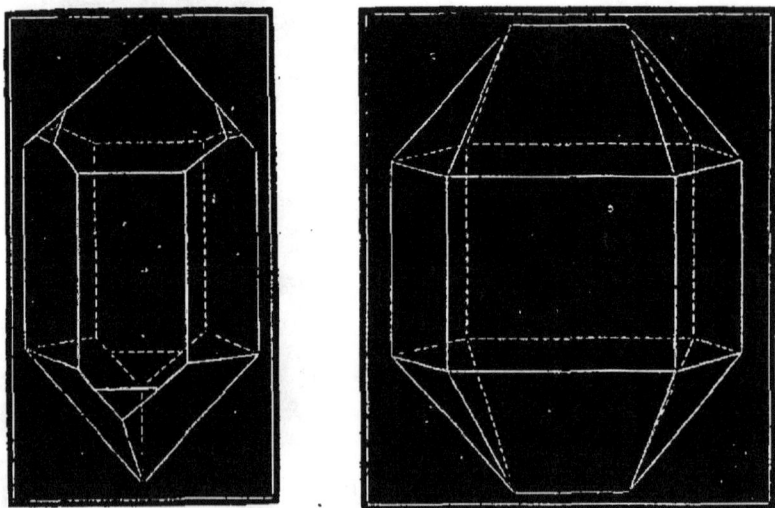

Fig. 70 et 71. — Cristal de quartz modifié.

Si dans le cristal régulier (fig. 69) la partie prismatique diminue de plus en plus sans que le reste éprouve de changement, les deux pyramides se rapprochent peu à peu, et à la limite, c'est-à-dire quand le prisme aura complètement disparu, les pyramides s'appliquant base à base, on obtiendra un cristal représenté par la figure suivante; c'est un dodécaèdre dont toutes les faces sont égales et formées par des triangles isocèles.

Les cristaux de cette forme ont été signalés depuis bien longtemps au milieu des gypses qui accompagnent les *ophytes* des Pyrénées. Nous en avons rencontré nous-même de nombreux exemplaires d'une pureté parfaite dans les dépôts gypseux de la Provence qui appartiennent, comme nous l'avons montré ailleurs[1], à la formation du trias.

Les cristaux n'atteignent ordinairement que de faibles dimensions. Pour la plupart des minéraux, des cristaux de 5 à 6 centimètres sont presque gigantesques ; peu ont *un* décimètre de hauteur. Le quartz forme une exception à cette règle. Les groupes de cristaux de roche du Dauphiné présentent souvent des canons de quartz de plus de 1 déci-

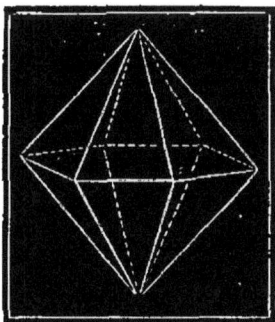

Fig. 72.
Quartz dodécaédrique.

mètre. Le beau gisement de Madagascar, qui fournit le cristal de roche que l'on taille pour les objectifs de quelques lunettes astronomiques, produit des cristaux qui ont plus de 3 décimètres de côté, et qui, malgré cette dimension, sont remarquables par leur pureté et leur diaphanéité. Ce gisement est unique dans son genre, comme l'Islande pour les beaux échantillons de spath. Le Dauphiné et le Valais fournissent aussi de très beaux cristaux de quartz, mais ils sont presque toujours nuageux et blanchâtres. Nous devons citer un magnifique échantillon que le Muséum d'histoire naturelle de Paris possède : il provient de Fischbach, dans le Valais ; il atteint *un* mètre dans tous les sens. On y voit une indication des faces de prisme, mais ce sont les faces du

1. *Bull. de la Soc. géol. de France.* 2e série, t. XXIV, 601.

pointement qui le constituent presque en entier; malgré
la largeur de ces faces, qui ont de $0^m,45$ à $0^m,50$ à leur
jonction avec le prisme, elles sont parfaitement pleines
et miroitantes; c'est, je crois, le plus beau cristal connu.
Des glaces, peut-être aussi un mélange intime de quelques matières étrangères, mais surtout des désordres de
cristallisation, font que ce beau cristal est laiteux et
simplement translucide.. » (M. Dufrénoy.)

Nous ajouterons à cette citation qu'on voyait à l'Exposition universelle de 1866, dans la section du Japon, des
cristaux de quartz bipyramidés de $0^m,50$ de longueur,
et dans la section du Brésil des cristaux de cette même
substance atteignant $0^m,80$. Ils étaient les uns et les
autres d'une très grande pureté.

EMPLOI DU QUARTZ DANS LES BEAUX-ARTS

Le quartz par lui-même n'a aucune valeur, mais on en
fait des vases, des coupes et d'autres objets artistiques
qui peuvent acquérir un grand prix.

A Athènes, on faisait déjà de très beaux ouvrages avec
le cristal de roche. Les Romains estimaient les vases
taillés dans cette matière à l'égal des plus précieux. Au
moyen âge, les Vénitiens produisirent beaucoup d'objets
en cristal de roche; mais ce sont surtout les Milanais
qui ont donné une grande extension à cette belle industrie.

Les artistes milanais ont taillé le cristal de roche en
statuettes, en coupes, en vases, etc.; ils en ont fait des
lustres et des girandoles d'une merveilleuse beauté. Mais,
comme il arrive si souvent, l'art fut tué par l'amour du
gain. De modifications en modifications les fabricants
arrivèrent à *payer au poids* les cristaux taillés. Il était
évident que l'ouvrier laisserait maintenant le plus de
matière possible dans ses cristaux, et négligerait de

plus en plus la taille : c'est en effet ce qui est arrivé.

Il existe à Milan même un monument superbe dont le cristal de roche a fourni les éléments : c'est la châsse de saint Charles Borromée qu'on voit dans le dôme de la cathédrale, et dans laquelle sont renfermés les os de l'illustre archevêque. On a réuni là tout ce que les Alpes ont fourni de plus magnifique ; mais ce qui est peut-être le plus remarquable au point de vue scientifique, ce sont les larges lames de cristal qui tiennent lieu de vitres.

QUARTZ COLORÉS

Quand les cristaux de quartz se trouvent combinés avec quelques traces de substances colorantes, ils constituent, pour le commerce, des espèces distinctes, et prennent des noms complètement différents.

Combiné au fer et à l'alumine, le quartz devient *jaune* et prend le nom de *topaze occidentale* ou *de Bohême*.

Imprégné d'une substance bitumineuse, il devient plus ou moins *obscur;* c'est la *topaze enfumée* ou *diamant d'Alençon.*

Combiné avec une faible proportion d'oxyde de manganèse, il prend une belle coloration *violette :* c'est l'*améthyste occidentale.*

Coloré en *bleu* par le fer et l'alumine, il devient le *saphir d'eau.*

Coloré en *rose* par le fer et le manganèse, c'est le *rubis de Bohême* ou *du Brésil.*

Combiné avec une proportion notable d'oxyde de fer, il devient *rouge brun* et constitue l'*hyacinthe de Compostelle.*

Mais, parmi ces variétés, il n'y en a que deux qui aient réellement de la valeur, l'améthyste et le *saphir d'eau.*

AMÉTHYSTE OCCIDENTALE

L'améthyste, dont la coloration violette varie suivant la quantité d'oxyde de manganèse combiné, a toutes les propriétés du quartz; nous ne reviendrons donc pas sur ce point.

Cette substance se trouve en France aux environs de Brioude, en Prusse, en Hongrie, en Arabie, à Ceylan, au Kamtschatka, etc. Les environs de Carthagène, en Espagne, fournissent de très beaux échantillons d'améthystes, et ils sont d'autant plus remarquables qu'ils montrent un reflet pourpré tout à fait comparable à celui des améthystes orientales.

C'est surtout le Brésil qui fournit aujourd'hui au commerce les améthystes occidentales : elles arrivent généralement taillées en Europe, et, à cet état, elles se vendent de 1000 à 3000 francs le kilogramme. Dans cette partie du monde on rencontre les améthystes en fragments énormes, puisqu'on cite des morceaux pesant plus de 60 kilogrammes.

Chez les anciens on attribuait à cette pierre une propriété très curieuse, celle d'empêcher le vin d'enivrer les convives, quand il était bu dans une coupe d'améthyste. Aussi rencontre-t-on très souvent les attributs de Silène et de Bacchus sur les vases et les coupes d'améthyste que nous a légués l'antiquité.

SAPHIR D'EAU

Le saphir d'eau n'a de commun que la couleur avec la pierre orientale dont il porte le nom. Cette couleur même, d'un blanc clair mêlé de bleu céleste, constitue une nuance mixte, montrant aux yeux les moins exercés une différence complète avec la magnifique couleur bleue du saphir d'Orient.

Il existe des saphirs d'eau qui sont des quartz presque purs, mais celui des lapidaires, qui vient de Ceylan, a une composition beaucoup plus complexe. Il ne renferme plus que la moitié de son poids de silice, le reste est de l'alumine, de la magnésie, de l'oxyde de fer et de l'oxyde de manganèse. Cette variété appartient à l'espèce minéralogique appelée *dichroïte*. Ce nom rappelle la curieuse propriété que possède cette substance de montrer deux couleurs très différentes, suivant le sens dans lequel on la regarde : un beau bleu dans la direction de l'axe, et un gris jaunâtre dans une direction perpendiculaire à cette ligne.

IRIS

Bien que l'iris ne soit plus monté aujourd'hui par les joailliers, et qu'il se rencontre seulement dans les vieux bijoux, nous ne pouvons le passer sous silence, d'abord parce qu'il eut, à son heure, une véritable célébrité, et ensuite parce qu'il peut être confondu avec plusieurs pierres précieuses, particulièrement avec l'opale.

L'iris est un quartz très limpide et très transparent. Il est cristallisé, ce qui le distingue immédiatement de l'opale.

Sous l'influence de la lumière, l'iris s'illumine de tous les feux du prisme. Cet effet est produit par un grand nombre de glaces et de gerçures naturelles que cette pierre renferme dans son intérieur; mais ses feux sont toujours beaucoup moins serrés que ceux de l'opale. Malgré le dédain dans lequel l'iris est aujourd'hui tombé, on a vu cette pierre jouir d'une véritable faveur. On a beaucoup parlé sous le premier Empire d'une certaine parure d'iris que portait quelquefois l'impératrice Joséphine.

Il semble que rien ne doive être plus facile que d'obtenir artificiellement des iris véritables, puisqu'il suffit, pour iriser un morceau de quartz limpide, de le frapper d'un coup de maillet, de le mettre dans l'eau bouillante ou, après l'avoir chauffé, de le jeter dans l'eau froide. Cependant aucun de ces moyens ne conduirait au but cherché. On fendillerait le quartz, il est vrai, mais les fissures partiraient toujours des bords et arriveraient jusqu'aux surfaces, tandis que, dans les iris naturels, elles partent du centre sans se propager jusqu'aux surfaces. Ces différences déterminent, en outre, dans les iris naturels, des effets de lumière bien plus complets et bien plus variés, au point de vue de la parure, que ceux des iris artificiels.

AVENTURINE

L'aventurine *naturelle* est un quartz dans lequel se trouvent disséminées des paillettes de mica jaunes à reflets dorés. Comme elles sont dirigées dans tous les sens, il en résulte que des feux jaunes d'or se répercutent de mille manières quand la pierre a été taillée.

Le fond de ces aventurines est ordinairement brun clair ou blanc rougeâtre; mais on en trouve également de jaunâtres, de grisâtres, de blanc rougeâtres et de verdâtres.

Toutes les aventurines ne doivent pas leurs reflets et leurs miroitements à des parcelles de mica; il en est, et ce sont les plus estimées, chez lesquelles ces effets sont produits par la présence d'un certain nombre de petits cristaux de quartz diversement placés dans la masse, et qui réfléchissent la lumière dans tous les sens. Cette dernière variété est ordinairement à teinte très claire; d'un blanc verdâtre et parfois d'un brun rougeâtre.

L'aventurine avec mica se tirait autrefois des bords de la mer Blanche; aujourd'hui elle est fournie par la Silésie, la Bohème, la Sibérie et la France. La seconde espèce est d'abord venue d'Espagne, mais depuis un certain nombre d'années, l'Écosse en produit également.

Il faut bien remarquer maintenant qu'on vend dans le commerce, sous le nom d'aventurine, un certain nombre de substances produisant à la lumière des effets analogues à ceux de cette dernière, mais qui en diffèrent complètement par leur composition. Telles sont, en particulier, certaines variétés de feldspath remplies de glaces et de gerçures.

DEUXIÈME SECTION

Avant d'aborder l'étude des pierres comprises dans cette section, il est nécessaire de faire une remarque importante.

Jusqu'ici les pierres que nous avons examinées sont cristallisées et presque toujours anhydres; il en est tout autrement pour celles que nous allons décrire dans ce groupe. Elles ne montrent aucun indice de cristallisation, et renferment presque toujours de l'eau.

Il est probable que leurs éléments n'ont jamais été ni fondus par l'action directe de la chaleur, ni déposés par l'évaporation d'un liquide dissolvant. Tout porte à penser, au contraire, qu'ils ont été primitivement à l'état de masse gélatineuse en suspension dans l'eau.

Certains résultats produits par l'un des grands phénomènes naturels de l'époque actuelle viennent fournir à l'opinion précédente, sinon une justification complète, au moins un caractère de grande probabilité.

On sait qu'il existe en Islande des sources intermittentes, connues sous le nom de Geysers, qui, à des intervalles irréguliers, lancent, à des hauteurs atteignant parfois cinquante mètres, des masses d'eau bouillante.

Nous reproduisons ici, d'après l'excellent livre de nos amis MM. Zurcher et Margollé (*Volcans et tremblements de terre*) les vues du grand Geyser dans sa période de tranquillité et dans sa période d'éruption.

Ces eaux des geysers sont très chargées de silice, et cette substance, en se déposant peu à peu, finit par produire des amas énormes.

Dans les masses siliceuses on trouve d'abord des tiges de bois de bouleau complètement silicifiées et, au milieu d'une argile rougeâtre, une *couche mince régulière et très étendue de calcédoine zonée*. Tant que cette substance n'a pas perdu son eau, elle reste translucide, mais, si elle se dessèche, elle devient opaque et d'un blanc d'émail.

Dans ces mêmes dépôts des geysers on rencontre accidentellement de petites portions de silice qui jouent parfaitement l'opale noble, tant qu'elles sont fortement hydratées; elles ne conservent leurs vives couleurs que lorsqu'elles restent plongées dans l'eau ou lorsqu'on les conserve à l'abri de la dessiccation.

M. Descloizeaux est disposé à conclure de cette observation que les opales et les calcédoines que l'on observe dans quelques terrains volcaniques anciens *doivent leur origine à des phénomènes analogues à ceux des geysers actuels de l'Islande*. (M. Dufrénoy.)

En second lieu, les pierres dont nous allons nous occuper renferment toujours une quantité d'eau parfois considérable, puisque son poids peut atteindre jusqu'à 12 pour 100 de celui de la pierre.

Il n'est pas impossible que cette eau soit de l'eau

Fig. 75. — Amas du grand Geyser (opales et calcédoines).

hygroscopique, ce que nous avons dit plus haut des dépôts des geysers tendrait même à le faire penser ; mais, au point de vue de la valeur des pierres précieuses comme parure et ornement, sa présence a une importance de premier ordre, puisque sa soustraction, même imparfaite, suffit pour diminuer beaucoup les jeux de lumière qui donnent, à l'opale en particulier, la plus grande partie de sa valeur.

Fig. 74. — Bassin du grand Geyser.

Un autre argument encore porte à penser que les substances dont il s'agit ont bien l'origine admise plus haut. Il est tiré de ce fait, mis complètement hors de doute par M. Blumenbach et M. Mac-Culloch, que, dans certaines variétés de pierres siliceuses appartenant à la catégorie des pierres dont nous nous occupons, on rencontre des restes organisés et particulièrement des végétaux inférieurs (conferves) complètement fossilisés.

OPALE

L'opale est formée de silice comme les pierres du
premier groupe; mais elle en diffère beaucoup, ainsi
que nous l'avons vu, par la présence constante d'une
certaine quantité d'eau (5 à 12 pour 100 de son poids)
dans sa pâte. M. Damour a montré, en outre, que quand
on traite une opale par l'acide sulfurique, la pierre noir-
cit, ce qui fait supposer qu'elle doit renfermer une matière organique probablement bitumineuse : l'acide sulfurique la détruit en mettant son charbon en liberté.

L'opale n'a d'autre couleur propre qu'un reflet toujours
bleuâtre tout à fait anologue à celui de certains quartz
résinites dont l'opale n'est du reste qu'une variété.

Ce qui constitue la véritable beauté et, par suite, la
grande valeur de l'opale, est produit par un accident
tout physique. Cette pierre est traversée dans tous les
sens par une multitude de fissures remplies d'air et
d'humidité. Ces fissures se dirigeant dans tous les sens,
les lames minces d'air et d'eau interposées empêchent
la lumière de se propager régulièrement, et donnent
lieu en même temps à des phénomènes particuliers de
coloration extrêmement remarquables dont nous avons
déjà parlé dans le chapitre IV.

L'aspect offert par l'opale est magnifique. Le violet
tendre de l'améthyste, le bleu du saphir, le vert de
l'émeraude, le jaune de la topaze, le rouge du rubis se
montrent tantôt isolés sur certaines parties de la pierre,
et tantôt diversement associés sur d'autres. Ces couleurs
si vives et si pures tirent encore un éclat tout nouveau
du fond blanc laiteux bleuâtre, d'une douceur incomparable, sur lequel elles se détachent : le spectacle devient
alors vraiment féerique.

L'opale se rencontre en Arabie, à Ceylan, en Hongrie,
en Saxe, en Irlande, en Islande, en Écosse et au Mexique.
Mais la Hongrie et le Mexique fournissent aujourd'hui la
plus grande partie de celles qui existent dans le commerce
européen.

Les pierres provenant des différents lieux que nous
venons de citer sont toutes de véritables opales : cependant, les amateurs savent le plus souvent distinguer, à
la simple vue, la provenance de la pierre qui leur est
soumise.

L'opale se rencontre par filons dans les terrains anciens. Ils ont quelquefois une certaine puissance, mais
ils sont formés surtout par des quartz résinites, et les
parties qui peuvent produire, après la taille, tous les
feux de l'opale, sont extrêmement rares.

En partant du quartz résinite sans fissures, par conséquent sans feux, et prenant successivement des fragments de cette matière de plus en plus fissurés jusqu'à
ce que le maximum d'effet lumineux soit atteint, on
obtiendra une série extrêmement nombreuse, et rien
n'empêchera de faire, pour cette pierre, autant de
variétés que l'on voudra.

On reconnaît seulement trois variétés d'opales dans le
commerce des pierres précieuses :

> L'opale orientale,
> L'opale feu,
> L'opale commune.

Il est évident que ce sont là trois types parfaitement
indéfinis, du reste, correspondant au commencement, au
milieu et à la fin de la série générale dont nous venons
de parler. Au point de vue commercial, ces trois divisions
ont une très-grande importance; pour la science, elles
sont à peu près sans valeur.

Opale orientale. — Cette pierre, dite encore opale noble, opale arlequine, montre en général dans ses feux une disposition triangulaire tout à fait spéciale. Elle est actuellement fournie par la Hongrie; mais les écrits des anciens nous montrent qu'elle a d'abord été rencontrée en Orient, comme la plupart des autres pierres précieuses.

L'estime et l'*affection* que les anciens avaient pour cette pierre est quelque chose de vraiment prodigieux. Il suffira, pour s'en convaincre, de rappeler le fait transmis par Pline de ce sénateur Nonius qui, possédant une opale de la grosseur d'une petite noix, aima mieux partir pour l'exil en emportant sa pierre que de la céder à Marc Antoine.

Au siècle dernier, on a beaucoup parlé de deux opales considérées par tous les connaisseurs comme les produits les plus parfaits qu'on eût encore vus en ce genre. L'une était ronde, de la grandeur d'une pièce de un franc : elle appartenait à l'amateur Fleury ; l'autre, dont nous donnons ici la figure dans ses véritables dimensions, était ovale, et faisait partie de la collection du financier et amateur distingué d'Augny, dont elle portait le nom.

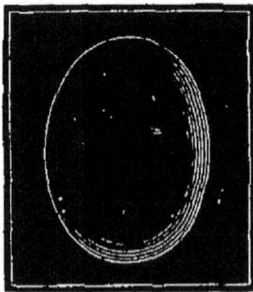

Fig. 75.
Opale de d'Augny.

Caire en possédait une autre très remarquable encore. Elle était originaire de l'Inde, ou du moins avait été taillée dans cette contrée. Les feux magnifiques qu'elle produisait naturellement avaient encore été considérablement augmentés par de légers chevages pratiqués avec une grande habileté, et dont la disposition attestait, chez l'artiste qui les avait exécutés. une connaissance profonde de la marche et des effets des rayons lumineux.

Opale feu. — Cette variété est fournie surtout par le Mexique. Sa coloration, plus prononcée que celle de l'opale orientale et la teinte rouge carminée ou vineuse de ses feux, permettent de la reconnaître facilement. Quand elle a son maximum d'éclat, elle est très belle, mais malheureusement elle s'altère facilement, surtout quand elle est exposée à l'air et à l'humidité : c'est dire qu'elle est peu propre à être portée en parure. Cet inconvénient, si capital, est plus prononcé dans les opales feu que dans les opales orientales et communes, mais toutes les variétés de cette pierre précieuse y sont également soumises. On comprendra qu'il en doit être ainsi, en se rappelant ce que nous avons dit de la constitution physique de l'opale. En effet, un air trop sec, trop chaud ou trop humide des liquides et des gaz renfermés dans les fissures, modifie d'une manière sensible la nature et la proportion et détermine, par suite, dans le jeu des rayons colorés, les plus grandes modifications.

Opale commune. — Cette variété ne laisse voir que très peu de feux. Sa couleur est celle du blanc de lait, ce qui, joint à sa texture extrêmement homogène, la rend à demi transparente.

GRAVURE SUR OPALE

La constitution physique de l'opale en fait une substance très peu propre à la gravure. Le travail matériel serait très difficile, souvent même impossible, à cause des mille fissures de cette pierre, et, ensuite, les beaux effets de lumière qui donnent à cette substance tout son prix n'atteignent leur maximum d'effet que si l'opale est simplement polie. — On cite cependant une belle gravure antique sur opale, c'est une tête de Sapho ; mais ce n'est pas une opale proprement dite. — La collection du duc d'Orléans renfermait une tête de Juba gravée sur opale. — Enfin, la Bibliothèque nationale possède une gravure moderne représentant Louis XII, sur cette même substance.

HYDROPHANE

L'hydrophane, qui renferme 93 pour 100 de silice, 2 d'alumine et 5 d'eau, est une pierre très célèbre, très anciennement connue. Elle a joui d'une faveur toute spéciale, non pas par sa beauté, qui n'a rien de particulier, mais à cause de la propriété curieuse qui lui a valu son nom moderne, signifiant *transparente par l'eau*. En effet, dans l'état ordinaire, l'hydrophane est une substance blanche ou jaune rougeâtre, faiblement translucide ou même complètement opaque. Mais, si l'on vient à la plonger dans l'eau, on voit aussitôt une multitude de petites bulles gazeuses se dégager de la pierre et monter à la surface du liquide; en même temps la pierre devient transparente.

On peut la retirer de l'eau, l'essuyer, elle gardera sa transparence pendant un temps plus ou moins long; seulement l'eau absorbée s'évaporant peu à peu, la pierre redevient opaque.

Les anciens minéralogistes, considérant cette pierre comme une merveille presque unique, lui avaient donné un nom en rapport avec le cas qu'ils en faisaient : ils l'avaient appelée *oculus mundi* (œil du monde).

TROISIÈME SECTION

AGATE

La disposition du quartz agate, dans l'intérieur de la

terre, est en général tout à fait différente de ce qui a lieu pour les autres pierres précieuses. L'agate se rencontre très rarement en filons : elle est presque toujours à l'état de concrétions. Les matières siliceuses se sont étendues sur les surfaces préexistantes, et en ont suivi rigoureusement tous les contours, si irréguliers qu'ils fussent. On voit que la matière constituante s'est déposée par feuilles minces, absolument comme des couches successives de colle. Souvent même on rencontre sur un côté des rognons une espèce d'entonnoir, par lequel la matière siliceuse s'est introduite.

Quelquefois la silice gélatineuse a été assez abondante pour donner naissance à des dépôts homogènes d'une certaine épaisseur ; la pierre est alors d'une couleur uniforme. Mais souvent aussi des dépôts très minces se sont successivement superposés, et, dans ce cas, ils ne peuvent, on le comprend, être toujours les mêmes. D'un autre côté, s'étant moulés sur les cavités des corps qui leur servaient de supports, il en est résulté des productions montrant des nuances très différentes et des dispositions extrêmement variables. Les couches successives sont tantôt planes et parallèles comme les feuillets d'un livre, et tantôt plus ou moins irrégulières.

Si l'on pratique une section à travers une pierre de cette catégorie, on peut obtenir les effets les plus différents, suivant la direction qu'on aura suivie. Il est évident, en outre, que si l'on considère seulement la couleur et les zones de ces pierres, on pourra établir entre elles de très grandes différences. Ce sont ces variations, en réalité extrêmement minimes au point de vue physique et au point de vue chimique, qui ont déterminé, dans les temps anciens, l'établissement d'un grand nombre d'espèces, dont un certain nombre se sont conservées jusqu'à nous.

Les agates se divisent naturellement en deux variétés :

Agates à une seule teinte,
Agates à plusieurs teintes.

Première variété.

Calcédoine. — La calcédoine est une pierre assez commune, toujours nébuleuse, d'un blanc mat ou blanc de lait, et quelquefois bleuâtre. Dans ce dernier cas, elle prend le nom de *saphirine.*

Les anciens tiraient la calcédoine de l'Égypte et de la Syrie ; elle était l'objet d'un commerce assez considérable qui se faisait surtout à Carthage. Les Grecs l'appelaient Karkêdòn. Il paraît évident que c'est ce mot qui, légèrement modifié avec le temps, a fourni l'expression moderne « calcédoine ». On rencontre aujourd'hui cette substance dans une foule de points, en Angleterre, en Irlande, en Allemagne, en Italie, etc.

Chrysoprase. — C'est une calcédoine colorée par de l'oxyde de nickel. Sa couleur varie depuis le vert-de-gris foncé jusqu'au vert le plus pâle. Elle est presque toujours fendue, et même renferme très souvent des corps étrangers. Cependant, à la taille, tout cela se tient et prend même un très beau poli. Cette pierre, très à la mode il y a cinquante ans, est aujourd'hui complètement tombée dans l'oubli, et cependant elle méritait, beaucoup mieux qu'une foule d'autres journellement employées, d'être mise en œuvre, au moins dans la bijouterie en faux.

Cacholong. — La pierre désignée par ce nom, d'origine tartare, est une variété de calcédoine, dont la teinte blanchâtre, nébuleuse, est assez prononcée pour arriver à l'opacité. Elle se rencontre dans la Boukharie, en Irlande, au Groënland et aux îles Féroë.

Cornaline. — C'est une espèce de calcédoine, mais à pâte beaucoup plus fine. Les anciens ont confondu la cornaline avec la sardoine, et c'est seulement au treizième siècle, dans les écrits d'Albert le Grand, qu'on voit la distinction s'établir.

La cornaline a souvent la couleur de corne polie, mais on en connaît des variétés qui rappellent l'hyacinthe, et d'autres rouge vermillon ayant quelque analogie avec le rubis.

La coloration de la cornaline est due à l'oxyde de fer, et, dans certaines variétés, à une matière organique, dont l'analyse manifeste la présence d'une manière évidente.

Héliotrope. — C'est une agate d'un vert poireau vif, peu translucide et ponctuée de rouge. Les anciens lui attribuaient la singulière propriété de changer la couleur des rayons du soleil, quand elle était mise dans un vase rempli d'eau. De là son nom, formé de deux mots grecs : *hélios* (soleil) et *trepô* (je tourne, je change).

Deuxième variété.

Onyx. — L'onyx est, parmi les agates à plusieurs teintes, la plus célèbre variété.

Dans l'origine, ce mot « onyx », qui signifie ongle, avait été donné à des agates blanchâtres, se rapprochant beaucoup de la couleur de l'ongle séparé de la chair : mais, plus tard, on a étendu et même détourné la signification de cette expression, et aujourd'hui elle sert à désigner des agates montrant des bandes peu nombreuses, mais d'une certaine épaisseur, et dont les couleurs sont très tranchées, noir et blanc, ou blanc grisâtre.

Quand un onyx réunit à un degré voulu les conditions précédentes, il constitue une pierre de valeur à cause

des ressources que l'opposition des couleurs fournit à la
gravure. Mais la plupart des onyx employés aujourd'hui
par les artistes sont des pierres dont la couche noire est
obtenue artificiellement, à l'aide de procédés que nous
ferons connaître dans le chapitre VI.

Sarde. — Ce mot très anciennement employé paraît
venir, suivant Braunius, de l'hébreu *sered*, qui signifie
couleur rouge. Dans tous les cas, c'est aux agates de
cette couleur qu'on a appliqué cette dénomination.

Sardonyx. — Cette pierre, comme son nom l'indique, est formée par la réunion des deux précédentes,
mais en prenant le mot *onyx* dans son sens primitif. Le
sardonyx est donc une pierre montrant une alternance de
couches successivement blanchâtres et rouge incarnat.

Sardoine. — Par sa contexture, et peut-être même
par sa véritable étymologie, ce mot paraît être synonyme
de sardonyx. Quelques minéralogistes ont même pensé
que la sardoine n'était autre chose que le sardonyx. Au
point de vue de l'art, il en est tout autrement. Les graveurs sur pierres dures établissent entre ces deux substances une très grande différence. Pour eux, la sardoine
est une agate dont la couleur foncée rappelle le jaune et
le rouge, sans pourtant que l'une ou l'autre couleur domine. La nuance est d'ailleurs, dans les belles sardoines,
d'une pureté et d'une netteté parfaites. On voit par là
que la sardoine diffère complètement du sardonyx.

Sard-agate. — Cette pierre demi-transparente est formée d'une couche inférieure rouge orangé, rouge pâle.
rouge jaunâtre, et d'une couche supérieure blanchâtre.
disposées l'une et l'autre d'une manière très régulière.

JASPE

C'est le *jaspeh* du rational d'Aaron, le *iaspis* des Grecs.

« La propriété qui distingue le quartz jaspe des autres
variétés consiste dans sa complète opacité, même en plaques minces. Souvent ce jaspe est un silex devenu opaque, soit par l'altération qu'il a éprouvée, soit par l'addition d'une certaine quantité d'oxyde de fer ou d'hydrate
du même oxyde. Il existe des jaspes rouges, des jaspes
bruns et des jaspes verts. Dans certaines circonstances,
comme dans le caillou d'Égypte, le jaspe présente des
zones irrégulières qui dévoilent une structure grossière-
ment concentrique. » (M. Dufrénoy.)

La pierre précédente n'est que l'une des mille variétés de roches connues sous le nom de jaspes. Ces dernières, assez dures pour rayer le verre, présentent de
larges bandes de diverses couleurs, généralement rouges
et vertes, avec un fond brun.

L'élément siliceux domine encore complètement dans
les jaspes, mais il est associé à certaines bases (alumine,
oxyde de fer, etc.) dont la proportion est suffisante pour
que le tout devienne fusible au feu du chalumeau ordinaire, ce qui n'a pas lieu pour le quartz et toutes ses variétés à peu près pures.

A tous les points de vue, du reste, les substances connues dans le commerce sous le nom de jaspes sont extrêmement différentes, puisque leur prix varie dans les
proportions fabuleuses de 2 francs à 120 francs le kilogramme.

GRAVURE SUR AGATE, ETC.

C'est l'agate et les variétés dont elle est le type qui
ont surtout fourni, à toutes les époques, les pierres dures
les plus propres à la gravure.

L'une des plus remarquables gravures sur agate, et
en même temps l'une des plus grandes pierres de cette

espèce est celle que nous reproduisons ici (fig. 76). Elle représente Alexandre le Grand. La tête a un relief tout particulier, et la pierre est enchâssée dans une magnifique monture en or émaillé.

Fig. 76. — Agate. — Alexandre le Grand (réduction aux trois quarts).

La figure suivante, sur agate-calcédoine mamelonnée, montre le taureau dionysiaque, le corps ceint d'une guirlande de lierre, marchant la tête baissée; on voit sous ses pieds un thyrse, et dans le champ, en haut, la signature du fameux graveur Hyllus (ΥΛΛΟΥ).

Célèbre par la beauté de son travail, ce camée est un des monuments de premier ordre que nous a légués l'antiquité.

Comme spécimen de gravure moderne sur cornaline, nous reproduisons ici la pierre célèbre connue sous le nom de cachet Michel-Ange (fig. 78).

Nous donnons, d'après l'excellent livre de M. Chabouillet, la description et l'historique curieux de cette pierre.

Bacchanale : satyres, bacchants et bacchantes célèbrent le dieu du vin ; les uns boivent, les autres versent du vin ; d'autres portent des corbeilles remplies de rai-

Fig. 77.
Le taureau dionysiaque.

Fig. 78.
Le cachet de Michel-Ange.

sins. Deux génies ailés tendent un *velum*, qu'ils attachent à des ceps de vigne. Vers le milieu de la composition on distingue la tête d'un cheval. A gauche, on remarque un groupe de deux femmes, dont l'une charge une corbeille sur la tête de l'autre. A l'exergue, un paysage représente une rivière encaissée entre deux collines ; un homme assis au bord de cette rivière pêche à la ligne.

Michel-Ange a peint à fresque, dans la chapelle Sixtine, *Judith remettant la tête d'Holopherne à sa suivante.* Il y a dans cette magnifique composition un groupe qui rappelle immédiatement les deux vendangeuses de la

cornaline, dont l'une remplit la corbeille de l'autre. On
en avait conclu que le grand Florentin connaissait le camée qui nous occupe, puisqu'il avait transporté dans
l'une de ses œuvres le groupe signalé plus haut : dès lors
le camée devenait une production de l'antiquité.

Mais rien de tout cela n'est vrai, ou plutôt il faut admettre tout le contraire. C'est le graveur qui s'est in-
spiré de la conception de Michel-Ange. La gravure est
donc postérieure à cet illustre artiste : c'est donc une
œuvre moderne.

Dans ses *Lettres sur l'Italie*, le président de Brosses
rapporte une curieuse histoire à propos du camée qui
nous occupe. Après avoir parlé d'un certain baron Stosch,
qui avait été chassé de Rome comme espion du roi d'Angleterre, il continue ainsi : « Voici une petite histoire
assez comique que j'ai ouï conter de lui, en France.
Hardion, notre confrère (à l'Académie des inscriptions
et belles-lettres) montrait le cabinet du roi, à Versailles,
à plusieurs personnes du nombre desquelles était ce
galant homme (le baron Stosch). Tout à coup certaine
pierre bien connue de vous sous le nom de cachet de
Michel-Ange se trouve éclipsée. On cherche avec la dernière exactitude; on se fouille jusqu'à se mettre nu, le
tout sans succès. Hardion lui dit : Monsieur, je connais
toute la compagnie, vous seul excepté, d'ailleurs je suis
en peine de votre santé, vous paraissez avoir un teint fort
jaune qui dénote de la plénitude. Je crois qu'une petite
dose d'émétique prise sans déplacer vous serait absolument nécessaire. Le remède pris sur-le-champ fit un effet
merveilleux, et guérit ce pauvre homme de la maladie de
la pierre qu'il avait avalée. »

DEUXIÈME CLASSE

ZIRCON

Le zircon, appelé aussi *jargon*, est un corps tout à fait spécial au point de vue de sa composision. Il est formé de silice unie à une terre particulière, la zircone (oxyde de zirconium). C'est une des subtances minérales les plus anciennement connues.

Le type cristallin primitif auquel il se rapporte est le prisme à base carrée. Mais ce cristal offre un grand nombre de modifications, parmi lesquelles deux sont surtout dominantes. Dans la première, le prisme fondamental est conservé, seulement il est surmonté d'un pointement à quatre faces placé sur les arêtes (fig. 79).

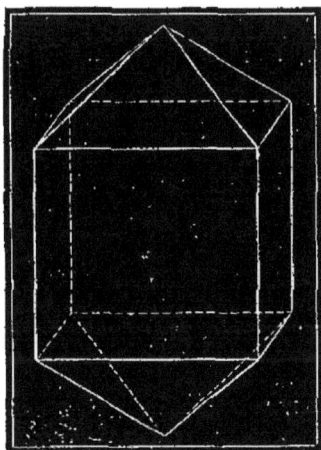

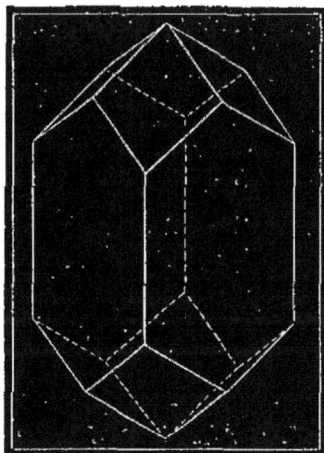

Fig. 79. — Zircon.　　　　Fig. 80. — Zircon modifié

Dans la deuxième (fig. 80), des modifications sur les angles rapprochent le cristal de la forme du dodécaèdre.

En général, les cristaux se rapportant à ces deux types montrent une coloration, la même pour chaque type, et différente dans les deux cas. Elle est jaune brunâtre et verdâtre pour le premier; rouge brunâtre pour le second.

Ces différences avaient été parfaitement reconnues par l'illustre Werner, et même elles lui avaient servi à établir deux espèces. Il avait appelé *hyacinthe* le type rhomboïdal et *zircon* proprement dit le type prismatique. Il faut dire, du reste, que les lapidaires avaient, à une époque bien plus ancienne encore, établi la même distinction, en désignant par jargon de Ceylan ce que Werner appelait zircon.

Les cristaux *incolores* de zircon méritent tout particulièrement d'être signalés. Dans ce cas, ils sont ordinairement hyalins, jettent beaucoup de feux, prennent un poli très vif, montrent un éclat adamantin prononcé et peuvent, dès lors, si on n'y regarde d'un peu près, être pris pour des diamants, surtout quand on les examine à l'aide d'une lumière artificielle.

« La pierre dont nous parlons est propre à satisfaire ces personnes frivoles qui, n'étant pas à même d'avoir des diamants, se parent du jargon plutôt que des pierres composées, quel qu'en soit l'éclat. C'est ainsi que la découverte de cette substance vient fort à propos pour ces petits-maîtres qui veulent en imposer aux yeux du vulgaire par des apparences d'orgueil, sans néanmoins qu'on puisse leur dire qu'ils portent du faux. » (Caire.)

Que des personnes essayent de faire passer des parures de zircon pour des parures de diamant, il n'y a rien là que de très enfantin; mais que des marchands, comme cela s'est vu, vendent du zircon pour du diamant, c'est un vol dans l'acception la plus complète du mot, puisque le prix du zircon est hors de toute proportion, comme infériorité, avec celui du diamant. En effet, un zircon exceptionnellement beau, vert olive, ayant les dimensions données par la fig. 84, fut adjugé, à la vente du cabinet de M. Drée, pour la somme de 87 francs. Un diamant de même dimension, ne fût-ce qu'une rose, pèserait 5 carats et vaudrait au moins 10 000 francs.

Quand on commença à employer les zircons, les lapidaires les taillaient avec soin, les orfèvres les montaient avec goût; ils ressemblaient tellement alors à des diamants, que certains faiseurs de dupes les présentaient,

Fig. 81.
Zircon du cabinet Drée.

sous des noms supposés, à des usuriers prêteurs sur gages, tiraient d'eux des sommes bien inférieures à la valeur du joyau, si les pierres eussent été des diamants, mais infiniment supérieures à sa valeur réelle, et jamais, bien entendu, personne ne se présentait pour réclamer l'objet engagé.

Les plus beaux échantillons de zircon viennent de Ceylan; mais on en trouve également en Europe, près de Lisbonne, dans le canton de Galloway, et, en France, près de la ville du Puy, dans le ruiseau d'Expailly.

GRENATS

Avec des matériaux différant par leur nature, mais taillés et placés de la même manière, on arriverait à construire plusieurs édifices se ressemblant beaucoup, comme forme et comme disposition.

Ce que l'art pourrait produire plus ou moins complètement, la nature le réalise d'une manière parfaite. En mettant en œuvre des substances essentiellement différentes, et quelquefois en nombre considérable, elle produit des composés bien définis, bien cristallisés, qui, par l'ensemble de leurs caractères, pourraient être considérés comme des corps identiques, les éléments de différentes natures se substituant les uns aux autres d'une

manière complète, sans que l'édifice moléculaire soit en
rien modifié.

C'est cet ensemble de faits qu'on désigne dans la
science sous le nom d'*isomorphisme*[1].

Leur découverte, leur coordination et leur démonstra-
tion, œuvre de l'illustre chimiste allemand Mitscherlich,
constituent l'un des plus grands faits scientifiques de
notre siècle.

Le groupe des minéraux désignés sous le nom de gre-

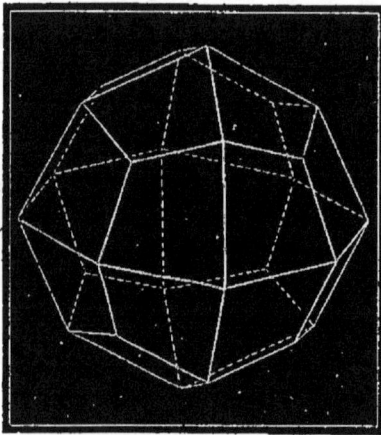

Fig. 82.
Grenat : type rhomboïdal.

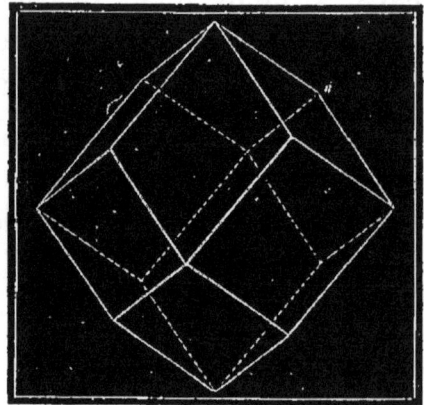

Fig. 83.
Grenat : type trapézoèdre.

nats nous fournit une des plus remarquables applications
de la grande théorie de l'*isomorphisme*.

On comprend sous le nom de grenats un ensemble
de minéraux différant beaucoup par la couleur, le poids
spécifique, la composition chimique, etc., mais dont la
forme fondamentale ne change jamais, et qui même ne
présentent qu'un très petit nombre de modifications
secondaires. En effet, les grenats sont toujours cristallisés, et ils appartiennent au système régulier. Deux
formes secondaires seulement se reproduisent presque

1. De deux mots grecs : *isos*, semblable; *morphé*, forme.

toujours, le dodécaèdre rhomboïdal (fig. 82) et le trapézoèdre (fig. 85).

Au point de vue scientifique, M. Gustave Rose et la plupart des minéralogistes avec lui admettent huit espèces de grenats, mais deux seulement fournissent des produits à la bijouterie; ce sont :

Le grossulaire;
L'almadine.

Grossulaire. — Cette espèce est un silicate double de chaux et d'alumine. — Comme les trois principes constituants de cette pierre, seuls ou combinés, sont incolores, on doit rencontrer, dans l'espèce grossulaire, des grenats limpides et sans aucune nuance. C'est ce qui a lieu en effet à Tellemärken en Norvège, à Xuacatepal au Mexique, à Mouzoni dans le Tyrol et à Schischimskaja dans l'Oural. Mais comme le fer est extrêmement abondant dans la nature, des proportions plus ou moins considérables de ce corps se sont introduites dans les grossulaires, et il en est résulté des grenats toujours limpides, mais verdâtres, rouge clair, rouge orangé, etc., suivant la quantité de fer combinée; les variétés d'Ala en Piémont, si remarquables par la vivacité de leur éclat et la pureté de leurs formes, appartiennent au grossulaire. Il en est encore de même de certaines variétés jaunes de Sibérie, qui par leurs couleurs rappellent beaucoup les rubis spinelles.

L'analyse d'un grenat incolore de l'Oural a donné les résultats suivants :

Silice.	58,66
Alumine.	24,19
Chaux.	57,15
	100,00

Almadine. — Cette espèce est un silicate double d'alumine et de fer : c'est le grenat grossulaire, dans lequel la chaux est remplacée par une quantité équivalente d'oxyde de fer. Souvent cependant la chaux n'est pas complètement remplacée, et même le fer n'est pas le seul principe substitué, il est en quantité trop faible; mais alors il est accompagné d'une proportion équivalente de magnésie et d'oxyde de manganèse.

La belle variété de grenat jaune appelée *pyrope* appartient à l'espèce almadine. Elle diffère seulement du type par la présence d'une petite quantité d'oxyde de chrome se substituant à une quantité équivalente des autres bases. Cette substitution est parfaitement régulière pour le minéralogiste, mais elle produit une coloration très agréable et, au point de vue commercial, donne au grenat pyrope une valeur toute particulière.

C'est encore à l'espèce almadine que se rapportent les grenats si répandus dans le commerce sous le nom de grenats de Bohême. Ils sont fournis par la Bohême, la Saxe et diverses autres parties de l'Allemagne.

Le grenat le plus recherché est le grenat oriental ou *syrien*. Sa composition varie, mais son éclat et sa beauté le mettent au-dessus de tous les autres. Son nom vient non pas de Syrie, comme on l'a cru souvent, mais de Syrian, capitale du royaume de Pégu dans l'Inde. C'est de cette contrée en effet qu'on a tiré les premiers, mais cette espèce commerciale se rencontre également dans l'île de Ceylan et au Brésil.

GRENATS EXCEPTIONNELS ET APPLICATIONS ARTISTIQUES DE CETTE PIERRE

A la vente du cabinet de M. Drée, un grenat syrien de forme octogone, de 18 millimètres sur 16, fut vendu 5500 francs. Un autre, rouge feu, de 26 millimètres sur 16, atteignit le prix de 1003 francs.

Dans l'inventaire du garde-meuble de 1791 on voit figurer un grenat de 5 carats estimé 1200 francs; six autres, pesant ensemble 20 carats, estimés 1700 francs; une coupe ovale formée d'un seul grenat riche en couleur, longue de 85 millimètres, large de 62 et haute de 86; elle était estimée 12000 francs; une tasse ronde, de grenat oriental glaceux, ayant un diamètre de 70 millimètres et une hauteur de 55 millimètres, estimée 5000 francs; une autre tasse estimée également 5000 francs.

Parmi les grenats gravés, on cite en première ligne la tête du chien Syrius, œuvre de Coli; puis un masque de Silène, couronné de pampres; Calpurnie inquiète sur le sort de César; un beau buste d'Adrien du musée Odescalchi; la Vénus Génitrix, du cabinet de l'abbé Pullini à Turin.

PÉRIDOT, OLIVINE

Le péridot est une pierre très anciennement employée en joaillerie, et, comme jusqu'à ces dernières années on la trouvait toujours en fragments roulés, on ne savait à quelle forme cristalline la rapporter. La découverte récente de cristaux bien définis de péridot faite au Vésuve a permis d'établir qu'ils appartiennent au prisme rhomboïdal droit.

Le péridot est un silicate double de magnésie et de fer, avec des proportions variables de manganèse, d'alumine et quelquefois de nickel. On comprend, d'après cela, que, suivant la nature et la quantité des composés métalliques qui entrent dans la constitution du péridot, on doit avoir des pierres diversement colorées. Ainsi les unes sont vert jaunâtre : c'est le péridot proprement dit; les autres sont vert olive clair et constituent, même pour les lapidaires, une pierre particulière sous le nom d'olivine.

Les cristaux de péridot sont encore quelquefois désignés sous le nom de *chrysolithe*, mais il faut se garder de les confondre avec la chrysolithe orientale ou cymophane.

Un fait très curieux se rattache à l'histoire du péridot. Il est, parmi les pierres précieuses, le seul qui ait eu jusqu'ici l'insigne honneur d'être rencontré dans ces pierres tombant de l'espace, et qu'on désigne sous le nom d'*aérolithes*.

Les péridots répandus dans le commerce, et ceux qui arrivent annuellement, proviennent du Levant par Constantinople, mais on ne sait rien sur leur gisement, ni même sur les localités qui les fournissent. La vue des échantillons, toujours fortement roulés, indique seulement qu'ils doivent être recueillis au milieu des sables d'alluvion.

Jade. — Ce mot est une expression générique servant à désigner un certain nombre de substances naturelles ayant quelques caractères communs, mais offrant aussi des différences considérables, surtout dans leur composition.

Les caractères communs sont une grande ténacité, une grande dureté, une cassure complètement esquilleuse, un certain éclat gras et des teintes très claires, telles que le blanc laiteux, blanc verdâtre, blanc rosé.

La variété la plus répandue est le jade de Chine; mais on ne la connaît qu'à l'état d'objets travaillés. Cependant, à une époque peu éloignée de nous, il devait arriver du jade brut en Europe, puisqu'il n'est pas rare de rencontrer, dans les cabinets d'antiquités, des vases de jade de fabrication évidemment européenne, et remontant seulement à la Renaissance.

Le jade de Chine est un silicate de chaux et de magnésie avec des traces d'oxyde de fer, et quelquefois d'oxyde de manganèse.

La présence de ces deux derniers corps en quantité variable donne nécessairement au jade une teinte plus ou moins prononcée. Aussi on trouve des variétés ayant l'aspect de la cire ou mieux encore celle du blanc de baleine, d'autres dont la couleur verte est assez prononcée, et, entre ces deux extrêmes, tous les intermédiaires.

Une autre variété a joué, sous le nom de *jade néphrétique*, un grand rôle chez les anciens, et cela jusqu'au seizième siècle, à cause des propriétés merveilleuses qu'ils lui attribuaient, celle en particulier de guérir les coliques des reins dites néphrétiques.

Dans des temps beaucoup plus reculés, vers le berceau de l'humanité, le jade a eu une très grande importance, à un tout autre point de vue, puisque c'était lui surtout qui servait à confectionner les armes, et particulièrement les haches que l'on retrouve encore aujourd'hui en nombre considérable, associées aux premières ébauches de l'industrie humaine.

Cette substance a soulevé, en outre, une difficulté qui jusqu'ici n'a pas été résolue.

Le jade tel que nous le connaissons, venant de l'Orient sous forme d'objets travaillés, est extrêmement dur. Il en est de même de celui qui a servi en Europe à faire les vases dont nous avons parlé plus haut. Dans ces conditions, le jade ne peut être travaillé actuellement qu'avec le diamant. D'un autre côté, il est à peu près certain que ce n'est pas à l'aide de cette substance qu'on a taillé les vases nombreux et quelquefois de dimensions considérables répandus dans les collections. Il faut donc que le jade, au sortir de la mine, soit assez facilement attaquable, et qu'il acquière la dureté que nous lui connaissons après avoir été travaillé. On a pensé que ce résultat

remarquable était obtenu par une simple exposition à
l'air, ou peut-être par l'action directe du feu.

L'Europe possède des mines de jade, principalement
en Turquie et en Pologne; mais cette variété, bien que
ne différant pas sensiblement du jade d'Orient, par sa
composition et l'ensemble de ses propriétés, reste cependant toujours beaucoup moins dure que le premier.

TOURMALINE

La tourmaline, comme objet de parure, occupe un
rang très secondaire; elle est, du reste, beaucoup trop
négligée sous ce rapport. Mais, au point de vue scientifique, il existe peu de substances aussi dignes d'attention
que la pierre dont il s'agit.

La tourmaline moderne est le *lyncurium* des anciens.
Dans la nomenclature allemande elle porte le nom de
Schorl (de Schorlow, village de Saxe où cette substance
existe en abondance. C'est probablement, du reste, la substance qui a reçu le plus grand nombre de dénominations.

La tourmaline est toujours cristallisée; ses cristaux
appartiennent au système rhomboédrique.

Les prismes, toujours assez allongés, sont tantôt à six
faces et tantôt à neuf faces. Dans ce cas, trois des faces
de l'un des prismes sont supprimées, et, cette suppres-
sion coïncidant presque toujours avec le rétrécissement
des faces de l'autre prisme, il en résulte que les cristaux
de tourmaline présentent généralement une coupe triangulaire qui les rend immédiatement reconnaissables.

Contrairement à ce qui a lieu pour les corps cristallisés, la tourmaline a une composition très complexe; il
est même parfaitement établi que tous les cristaux qui,
au point de vue minéralogique, sont de véritables tourmalines, n'ont pas à beaucoup près la même composition.

Il est toutefois un certain nombre d'éléments communs à toutes les tourmalines. C'est en premier lieu un corps très caractéristique, l'acide borique, puis la silice et l'alumine. Il existe, en outre, dans toutes les tourmalines, une base alcaline qui est tantôt la potasse, tantôt la soude, et tantôt la lithine ou un mélange de ces bases. Enfin on y trouve encore, mais d'une manière moins nécessaire, de la magnésie, de la chaux, de l'oxyde de fer et de l'oxyde de manganèse.

La tourmaline n'a pas seulement une composition très complexe, elle montre en même temps les couleurs les plus variées.

A peu près incolore dans certains échantillons de l'île d'Elbe, elle est complètement noire dans d'autres, et, entre ces deux extrêmes, tous les intermédiaires existent. Certaines variétés fournies par la Sibérie sont d'un beau rouge; celles du Brésil sont souvent bleues; à Otto, en Suède, on

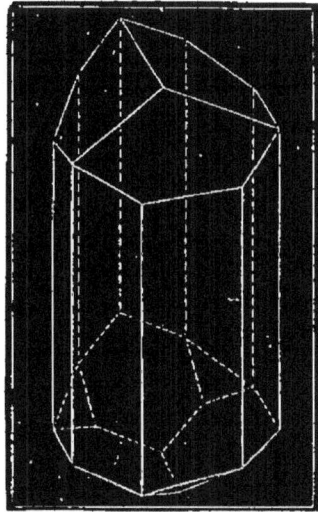

Fig. 84. — Tourmaline.

en trouve d'un beau bleu indigo; un grand nombre de gisements fournissent des tourmalines vertes diversement teintées, et certaines d'entre elles que l'on tire du Brésil et de Ceylan ont été, à cause de leur couleur vert obscur, appelées par les lapidaires *émeraudes de Ceylan*.

Ces différences de coloration sont généralement en relation avec des différences dans la transparence. Aussi les tourmalines noires et brunes sont toujours opaques, tandis que celles qui sont différemment colorées se montrent plus ou moins complètement hyalines. Enfin, les tourmalines bleues et vertes montrent, parfois d'une manière très prononcée, le phénomène du dicroïsme.

LABRADOR

La belle roche connue sous le nom de *pierre de La-brador* est le type de l'une des quatre grandes espèces formées par M. G. Rose aux dépens de l'ancien groupe des feldspaths. Son poids spécifique est 2,6 à 2,7.

Le labrador, *en place*, se montre sous forme lamellaire d'un gris de cendre ou de fumée. Il présente de très beaux reflets, dans lesquels dominent le jaune, le bleu et le vert. Il présente, dans sa texture des stries et des fêlures nombreuses, qui déterminent des jeux de lumière très agréables, rappelant parfois ceux de l'opale.

Le labrador est peu employé en bijouterie proprement dite, car, pour obtenir les diverses colorations qu'il peut montrer, il est nécessaire que les morceaux aient une certaine étendue. On en fait surtout des coffrets, des tabatières, des boîtes de montre, etc., etc.

Cette substance, comme son nom l'indique, se trouve au Labrador; c'est même là qu'on a rencontré les échantillons qui ont tout d'abord attiré l'attention. Mais depuis, on en a trouvé à l'état de cristaux disséminés dans les produits volcaniques, et notamment dans les laves de l'Etna.

On a rencontré, dans certaines roches dioritiques, des cristaux de labrador d'un rouge de cuivre : on a désigné cette belle variété par le nom de *pierre de soleil*.

Le labrador est essentiellement formé de silice, d'alumine, de chaux et de soude.

LAPIS-LAZULI

Le lapis-lazuli est un minéral d'une belle couleur bleue, dont la teinte varie depuis les tons assez pâles jusqu'au bleu noir. Son poids spécifique est 2,6.

Cette substance prend un poli remarquable et présente, réduite généralement en plaques minces, des effets très agréables. Mais elle a dans les beaux-arts un autre emploi extrêmement important à un tout autre point de vue. C'est le lapis-lazuli, en effet, qui sert à préparer la magnifique couleur. désignée sous le nom d'*outremer*, et qui jouit de la propriété si rare et si précieuse de n'être pas altérée par l'air.

Quand on examine les différentes analyses de lapis-lazuli publiées par les chimistes les plus compétents, on constate dans les résultats des différences très considérables. Cependant toutes s'accordent à signaler dans ce corps d'abord de la silice et de l'alumine, puis de la soude, de la chaux et enfin du soufre.

Il y a peu d'années que tout le lapis-lazuli du commerce provenait de la Chine, de la Perse et des environs du lac Baïkal en Sibérie; mais on l'a rencontré récemment en plusieurs autres lieux, et notamment au Chili.

Celui que fournit la Chine est beaucoup plus estimé; il atteignait jusqu'à 300 francs le kilogramme.

Depuis un certain nombre d'années on est arrivé, par des procédés tenus plus ou moins secrets, à produire artificiellement un lapis-lazuli d'assez bonne qualité.

APPLICATION AUX BEAUX-ARTS DU LAPIS-LAZULI

Le lapis-lazuli a été très fréquemment gravé. — Quand les morceaux ont été suffisants, on les a taillés en coupes, vases, etc.

Le trésor de la couronne de France possède plusieurs magnifiques objets en lapis-lazuli, entre autres :

Une coupe de lapis pyriteux en forme de nacelle, d'une très grande dimension, estimée 200 000 francs ;

Un sabre à manche de lapis, donné à Louis XVI par Tippoo-Saïb, estimé 6000 francs ;

Une cuvette de lapis, entremêlée de beaucoup de quartz blanc et de pyrites, de 0ᵐ,298 de long sur 0ᵐ,166 de haut, estimée 8000 francs.

MALACHITE

La malachite, ou vert de montagne, est un carbonate de cuivre hydraté, déposé en rognons remplis de cristaux ou aiguilles, qui donne à la masse un aspect fibreux et chatoyant. La malachite sciée et polie présente un très bel aspect. Sur un fond vert mauve, des plus agréables, se détachent en mille courbes capricieuses, des zones de diverses couleurs, produites par la section des dépôts successifs des composés cuivreux.

On trouve la malachite en Norvège, en Saxe, en Hongrie, dans le Tyrol, mais surtout dans les mines russes des monts Ourals. Son poids spécifique est 4.

Les objets de bijouterie en malachite sont taillés en plaques faisant légèrement goutte de suif ; mais elle est peu employée en bijouterie proprement dite. Son principal usage est de servir à la confection de boîtes, tabatières, breloques, statuettes, serre-papier, etc. Quand on n'a pas affaire à des morceaux exceptionnels, la malachite à l'état brut vaut de 4 à 20 francs le kilogramme.

On a cité autrefois, comme une merveille, des morceaux de malachite pesant 10 à 12 kilogrammes. Mais à l'Exposition de 1867, le prince Demidoff en avait fait exposer des blocs bien autrement considérables comme poids, et d'une grande valeur artistique.

APPLICATION DE LA MALACHITE AUX BEAUX-ARTS

Il existe, à Saint-Pétersbourg, un morceau de mala-

chite extrêmement remarquable. Scié et poli, en forme
de table, il mesure 0^m,890 de longueur, 0^m,473 de largeur et 0^m,056 d'épaisseur. Il est estimé 29 000 francs.
Sous le premier Empire on voyait, au grand Trianon, un
dessus de table, des candélabres et une coupe, le tout en
superbe malachite. C'était un présent de l'empereur de
Russie à Napoléon Ier.

On a essayé plusieurs fois de graver sur malachite,
mais sans succès. La matière est beaucoup trop molle, et
les zones multiples qu'elle présente dans sa pâte ne permettent pas d'obtenir des figures ayant un aspect véritablement artistique.

HÉMATITE

L'hématite est un sesquioxyde de fer en masse mamelonnée et remplie de cristaux fibreux. Cette substance a,
dans son mode de formation beaucoup de rapports avec
la malachite.

L'hématite, substance très commune, d'une couleur
rougeâtre allant jusqu'au noir, n'est nullement une pierre
précieuse dans le sens ordinaire du mot. Cependant
nous devons au moins lui accorder une mention dans ce
livre, car c'est la première substance qui ait été gravée.
Quand on examine, en effet, à la Bibliothèque nationale,
les cylindres et les vases gravés par les Chaldéens, les
Assyriens, les Mèdes, les Perses, les Phéniciens, etc., on
reconnaît que l'hématite est surtout la substance mise en
œuvre, en même temps que l'insuffisance du dessin et
l'inexpérience évidente de l'artiste montrent qu'on se
trouve bien là en présence d'œuvres remontant à l'origine
de l'art.

VI

PERLE

La perle est un produit animal sécrété par un certain nombre de mollusques à coquilles, dont les uns vivent dans la mer et les autres dans les eaux douces. Les perles sont assez communes, mais celles qui, à des dimensions un peu considérables, joignent une forme régulière et de beaux reflets, sont rares et d'un prix très élevé.

Formée à peu près exclusivement de chaux et d'une matière organique, la perle est un corps très facile à attaquer ; au point de vue de la résistance, elle n'a rien de commun avec les pierres précieuses, même les plus tendres.

La perle était dédiée à Vénus. C'est ce que nous montre, en particulier, une belle gravure de Triphore sur sardoine : *les Noces de Cupidon et de Psyché*. Les deux époux ont la tête recouverte d'un voile, mais il est tellement transparent que leurs traits n'en sont nullement altérés. C'est là un travail d'une prodigieuse difficulté, surtout dans une gravure sur pierre.

Cupidon ailé tient entre ses mains une tourterelle, symbole de l'amour conjugal. Psyché, complètement recouverte d'un voile transparent et paraissant honteuse, se tient à ses côtés. Ils sont liés par un fil de perles.

symbole du lien conjugal, à l'aide duquel le dieu Hymen, portant une torche, les conduit. Il est précédé d'un petit Amour ailé qui prépare le lit nuptial, et derrière les deux époux on voit un autre Amour tenant une corbeille de fruits élevée au-dessus de sa tête.

Bien des opinions ont été émises sur l'origine de la perle. Nous citons, seulement à cause de son côté poétique, celle des anciens, qui attribuaient la formation de la perle à une goutte de rosée accidentellement introduite dans la coquille.

On a cru que la perle était un produit morbide de l'animal. On a surtout pensé qu'elle avait pour origine un corps étranger (sable, animal parasite, etc.) introduit accidentellement dans la coquille. Ce corps gênant l'animal, celui-ci, pour s'en débarrasser, le recouvre de sa sécrétion perlée. Partant de ces idées, les Chinois sont arrivés, dit-on, à obtenir artificiellement des perles, en perçant la coquille et en blessant légèrement l'animal.

Il y a probablement du vrai dans toutes ces hypothèses, mais l'examen microscopique de la perle prouve que ces modes de formation ne sont pas les seuls employés, et même qu'ils n'interviennent pas nécessairement dans la formation de ces beaux produits. En effet, certaines perles montrent, à leur intérieur, des cavités généralement sphériques parfaitement vides, et d'autres complètement solides jusqu'au centre, laissant voir dans toutes leurs parties une texture regulière et continue, sans la moindre trace de corps étrangers.

Une perle de premier choix doit, avant tout, posséder un bel *orient*. On entend par cette expression une blancheur épurée, jointe à un éclat vif qui étincelle à la lumière. Il existe encore des perles qui, avec la couleur blanche, montrent un léger reflet d'azur. Ce sont les plus estimées.

La seconde qualité d'une belle perle est qu'elle soit sphérique ou en forme de poire régulière.

Il existe un grand nombre de perles dont la couleur est jaunâtre; elles sont par cela seul de seconde qualité.

Il est bien probable que les perles présentant cette dernière couleur existent normalement dans les coquilles. Toutefois Tavernier pense que toutes les perles sont blanches, et que les jaunes prennent cette nuance sous l'influence des produits putréfiés résultant du traitement des coquilles sur les lieux de production. On abandonne, en effet, à l'air les coquilles perlières, afin qu'elles s'ouvrent d'elles-mêmes après la mort de l'animal. Le travail se fait ainsi sans aucune dépense, mais surtout, on ne risque pas de briser des perles, comme on ne manquerait pas de le faire de temps en temps si l'on ouvrait artificiellement les coquilles. — A l'appui de son opinion, Tavernier cite un fait qui serait parfaitement probant, s'il était bien établi, c'est que jamais on ne trouverait de perles jaunes dans les coquilles qui ont conservé leur eau.

Les coquilles dans lesquelles se montrent les perles appartiennent à plusieurs familles de la grande classe des mollusques; mais la plus importante de toutes est l'*Aronde perlière* (*Avicula margaritifera* Bruguière, *Pentadina margaritifera* Lamarck). Cette espèce ne produit pas seulement la perle, elle fournit encore au commerce de grandes quantités de nacre de l'espèce la plus estimée.

On pense généralement que la nacre et la perle sont de même nature, et, partant de cette idée, on a fait mille essais pour obtenir des perles artificielles à l'aide de petites sphères plus ou moins régulières taillées dans la nacre.

On n'a jamais obtenu aucun résultat. Un examen un peu sérieux de la question montre même qu'il n'y a rien

à espérer dans cette voie. D'abord, en admettant que la
nacre et la perle eussent la même composition (ce qui
n'est pas scientifiquement démontré), il est certain que
ces deux corps n'ont pas la même constitution. La nacre
est beaucoup plus dure et offre infiniment plus de résistance aux outils que la perle. Mais, ce qu'il importe surtout de remarquer, c'est que, dans la perle, les couches
constituantes sont *concentriques*, tandis que les perles
taillées dans la nacre ont toujours des couches plus ou
moins rectilignes.

Les deux figures 85 et 86 établissent parfaitement pour
les yeux la différence complète présentée, à ce point de
vue, par la nacre et
la perle.

Elles montrent en
même temps com-
ment la lumière doit
éprouver nécessaire-
ment des modifica-
tions très différentes
dans les deux cas, et

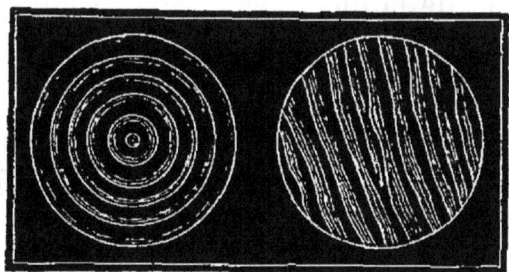

Fig. 85. — Perle.   Fig. 86. — Nacre.

pourquoi enfin on n'obtiendra jamais, avec de la nacre
taillée, les effets de la perle.

Bien qu'il existe des coquilles perlières dans toutes
les parties du monde, il n'y a cependant qu'un petit
nombre de centres où leur exploitation soit devenue une
industrie. L'un deux était autrefois la mer Rouge, qui,
au temps des Ptolomées, produisait beaucoup de perles.
Aujourd'hui les bancs sont probablement épuisés ; dans
tous les cas, ils ne sont plus exploités. — Les deux
régions qui, depuis longtemps et encore aujourd'hui,
produisent les plus belles perles, sont le golfe Persique
et le détroit de Manaar, qui sépare Ceylan de la pres-
qu'île de l'Inde.

A une époque plus récente, on a découvert de grandes quantités d'huîtres perlières en Amérique, notamment dans le golfe du Mexique, sur les côtes de la Californie et dans les environs de Panama.

On a essayé de déterminer quel était le temps nécessaire pour le développement d'une perle. On n'a pas obtenu de résultats bien certains; mais il a été démontré cependant que deux à trois ans étaient au moins nécessaires pour la formation d'une perle de quelque valeur.

Jusqu'ici, les coquilles perlières ont été pêchées par des plongeurs qui, exercés dès leur jeune âge, finissent par pouvoir rester jusqu'à six minutes sans respirer au fond de la mer. Les efforts prodigieux qu'ils sont obligés de faire, et la pression considérable à laquelle ils sont soumis, déterminent chez eux une foule d'accidents très graves. Aussi le corps des malheureux qui se livrent à cet affreux métier se couvre bien vite de plaies, et aucun d'eux n'arrive à la vieillesse[1].

Les appareils si remarquables à l'aide desquels on peut aujourd'hui rester sous l'eau, sans grand inconvénient, pendant plusieurs heures, ont été importés dans les lieux où l'on pêche les perles, et leur adoption diminuera dans une très grande proportion les conséquences si graves entraînées jusqu'ici par cette meurtrière industrie.

De tous les objets employés dans la parure, la perle est le seul qui ne doive rien à l'art. Au contraire, les essais tentés pour lui donner plus de prix n'ont abouti le plus souvent qu'à la détériorer. Il est donc naturel de penser que la perle est une des plus anciennes substances employées comme objet de parure. Aussi loin, en effet,

1. Voy., pour les détails relatifs à la pêche de la perle, deux excellents ouvrages récemment parus : le *Monde sous-marin*, de MM. Zurcher et Margollé, et le *Fond de la mer*, de M. Sonrel, dans la collection de la *Bibliothèque des merveilles*.

que nous pouvons remonter en arrière, nous la voyons
figurer au premier rang.

La mythologie indienne parle souvent de la perle,
dont elle attribue la découverte au dieu Vishnou, qui
l'aurait tirée de l'Océan pour en orner sa fille Pandaïa :
le livre de Job et les proverbes de Salomon en font également mention. Les récits des anciens historiens nous
montrent quel cas les Babyloniens, les Perses et les
Égyptiens faisaient de la perle.

Fig. 87. — Les noces de Cupidon et de Psyché (gravure sur sardoine)

Tout le monde connaît cette fameuse histoire de Cléopâtre qui, voulant lutter de prodigalité avec Antoine,
détacha une des deux perles qu'elle portait à ses oreilles
et qui avaient coûté 3 800 000 francs, la fit dissoudre
dans du vinaigre et l'avala. On a souvent contesté la
possibilité de ce fait : c'est à tort; la chose est très possible. On obtient ainsi, il est vrai, le plus abominable
ragoût qu'il soit possible d'imaginer, mais le fait de la
dissolution se produit.

Il est possible cependant qu'on ait tenté, sans succès,

l'expérience sur de véritables perles; mais alors l'action du liquide n'a pas duré assez longtemps. La perle, comme nous l'avons dit, est formée de carbonate de chaux et d'une matière organique : le vinaigre enlève parfaitement le carbonate de chaux en contractant avec la chaux une combinaison très soluble. Toutefois, quand la chaux de la première couche a disparu, la matière organique de consistance gélatineuse continue d'envelopper la perle, et, comme cette matière n'est pas soluble dans le vinaigre ni attaquable par lui, elle reste, en formant pour les couches plus intérieures un véritable rempart protecteur contre l'action du liquide corrosif, mais à la longue celui-ci pénètre, et la perle se dissout complètement.

La passion des Romains pour les perles fut, comme toutes les passions de ce peuple, poussée jusqu'à l'extravagance.

Celle dont César fit présent à Servilie, sœur du célèbre Caton d'Utique, avait coûté 1 200 000 francs. — L'impératrice Lollia Paulina, femme de Caligula, en portait, dans une seule parure, pour 8 millions de francs. — Caligula lui-même, Néron, etc., et plusieurs autres de ces hommes féroces que l'histoire est obligée de compter au nombre des empereurs romains, en ornaient leurs bottines et en couvraient les meubles de leurs salles de festins.

Sous l'influence des idées dont nous avons parlé dans le chapitre II, les perles prirent une grande importance en médecine. Jusqu'à notre époque, elles ont été très employées comme médicament, et aujourd'hui encore, elles ont conservé en Chine toute leur valeur à ce point de vue. Chaque année des quantités énormes sont *absorbées*, généralement à l'état de dissolution, par les habitants du Céleste Empire.

L'action du temps et celle des agents extérieurs font

perdre aux perles les beaux reflets qui constituent toute leur valeur; souvent même, sous ces influences, elles deviennent plus ou moins jaunâtres. Il existe aussi des perles naturelles d'une belle forme, assez volumineuses, qui ne montrent pas ces reflets, et dont la couleur est généralement assez foncée. On les désigne, dans les deux cas, sous le nom de *perles mortes*. Comme, sous cet état, elles n'ont que très peu de valeur, on n'a pas manqué d'essayer de mille moyens pour leur rendre leur éclat.

Dans certains cas l'opération réussit, dans d'autres elle échoue complètement.

J'ai pu me procurer, avec une peine infinie, un certain nombre de *recettes secrètes*, à l'aide desquelles on arrive quelquefois à rendre aux *perles mortes* leur éclat primitif. — Dans la confection de l'une d'elles figurent *quatre-vingt-trois* substances plus bizarres les unes que les autres. — Dans une seconde, la base est de l'eau de rosée recueillie dans certaines conditions, et sur les feuilles de certaines plantes. On reconnaît là facilement l'influence de l'idée que se faisaient les anciens sur l'origine de la perle.

En voyant ces recettes dans lesquelles viennent s'associer les éléments les plus hétéroclites, on est tout d'abord porté à penser qu'elles ne peuvent avoir aucune efficacité; mais si le chimiste examine chacune d'elles, il en résulte bientôt pour lui un fait extrêmement remarquable, c'est que, après les réactions complexes de ces substances les unes sur les autres, il reste toujours pour résultat définitif une *liqueur acide*. — Qu'on se rappelle maintenant la constitution de la perle formée de couches concentriques, et la facilité avec laquelle elle est dissoute par un liquide acide, on comprendra immédiatement qu'une perle plongée dans une liqueur de cette nature sera attaquée, et, au bout d'un temps plus ou moins long, sa couche la plus extérieure disparaîtra complètement. Si la perle soumise à cette opération est seulement *jaune* et *opaque extérieurement*, l'enlèvement de la couche ainsi modifiée remettant à nu les couches normales, la perle reprendra son éclat. Si, au contraire, les couches sont colorées et opaques jusqu'au centre, l'enlèvement de l'une ou de plusieurs de ces couches ne modifiera en rien celles qui resteront. Dans le premier cas, l'opération aura réussi; dans le second, elle aura échoué. On en voit maintenant facilement la raison.

PERLES CÉLÈBRES

La perle la plus célèbre que l'on ait vue dans les temps modernes est celle dont parle le célèbre voyageur Tavernier.

Trouvée par un Arabe dans les parages de Catifa, elle fut achetée en 1633, par le roi de Perse, qui la paya 1 400 000 francs.

La perle connue sous le nom de *Pérégrina*, achetée par Philippe II, roi d'Espagne, pesait 134 carats; elle était en forme de poire, de la grosseur d'un œuf de pigeon; elle provenait de Panama. On l'estimait à plus de 50 000 ducats.

Une autre perle plus fameuse encore est celle qui fut rapportée des Indes par Gorgibus de Calais, et présentée à Philippe IV, roi d'Espagne; elle était de forme poire et pesait 126 carats.

« Comment, dit Philippe IV au marchand, avez-vous osé mettre toute votre fortune sur une aussi petite substance? — Je savais qu'il y avait au monde un roi d'Espagne pour me l'acheter », répondit celui-ci.

Philippe IV n'avait plus alors qu'à s'exécuter; c'est ce qu'il fit en achetant la perle de Gorgibus.

L'inventaire de 1789 établit que la couronne de France possédait, à cette époque, pour un million de francs de perles, parmi lesquelles on voyait :

1º Une perle ronde vierge, d'un magnifique orient, pesant 27 carats $\frac{5}{16}$, estimée 200 000 francs;

2º Deux perles forme poire, bien formées et d'un très bel orient, pesant ensemble 57 carats $\frac{11}{16}$, estimées les deux 300 000 francs;

3º Deux autres paires de perles pendeloques, pesant ensemble 99 carats $\frac{6}{16}$, estimées 64 000 francs.

La France possède encore une magnifique perle qui fut rapportée de Berlin par l'empereur Napoléon Ier. Elle a été montée en broche avec un succès complet par l'habile artiste M. Lemonnier.

Quand la princesse d'Angleterre épousa le roi de Prusse Frédéric-Guillaume, elle reçut en cadeau, entre autres objets de parure, un magnifique collier formé de trente-deux perles. On a dit que ces perles n'étaient pas tout à fait de premier choix; cependant le collier est estimé 500 000 francs.

PRIX DES PERLES

De toutes les substances employées en parures, la perle est celle dont la valeur est le plus difficile à établir, puisqu'elle dépend, comme nous l'avons vu, d'éléments assez multiples, et, en particulier, de la grosseur, de la forme et de la couleur.

Nous donnons ici, d'après M. Harry Emanuel, le prix des perles de premier choix en 1865 et en 1867.

	1865		1867	
Une perle de 3 grains.	17 à	18 fr.	21 à	23 fr.
— 4 — .	25 à	32	32 à	40
— 5 — .	41 à	52	46 à	58

	1865		1867	
Une perle de 6 grains.	64 à	75 fr.	81 à	93 fr.
— 8 — .	104 à	128	116 à	139
— 10 — .	202 à	227	252 à	277
— 12 — .	302 à	378	352 à	403
— 14 — .	378 à	453	453 à	504
— 16 — .	504 à	756	504 à	756
— 18 — .	756 à	1005	756 à	1005
— 20 — :	1005 à	1260	1005 à	1260
— 24 — .	1512 à	1815	1512 à	1815
— 30 — .	2117 à	2531	2117 à	2531

Il est à peine besoin de faire remarquer au lecteur que ces prix sont des indications qu'il faut se garder de prendre au pied de la lettre, puisque dans l'espace infiniment court de deux ans, on constate une augmentation très sensible pour les perles inférieures à 14 grains, tandis que, au-dessus de ce poids, les prix sont restés exactement les mêmes.

Les différentes pierres précieuses n'ont qu'une seule valeur, une valeur individuelle : il n'en est plus de même des perles. A côté de la valeur individuelle, celle qui figure dans les tables précédentes, elles en ont une autre souvent très grande, que nous appelerons *valeur d'association*. En effet, deux perles de même forme, de même grosseur, de même couleur, etc., atteindront un prix bien supérieur au double de celui qu'aurait chacune d'elles si elle était seule. — Un collier dont les perles auraient été choisies parmi un très grand nombre, pourrait parfois valoir le double d'un collier pour lequel le choix aurait porté sur un nombre beaucoup plus petit, et alors que chacune des perles, considérées individuellement, aurait dans les deux colliers une valeur identique. C'est que, dans le premier cas, l'harmonie sera complète, tandis que, dans le second, l'œil rencontrera des hiatus dans les nuances, en passant d'une perle à l'autre.

CORAIL

Le corail est un produit sécrété par des animaux constituant une toute petite tribu dans la grande classe des polypes. La couleur du corail part du rouge intense pour arriver au blanc complet. Sa valeur commerciale varie dans d'énormes proportions avec la coloration : les teintes roses sont les plus estimées. On désigne par les expressions : *coraux écume de sang, fleur de sang, premier, second, troisième sang*, etc., les différentes variétés que présente le corail d'après sa coloration.

Jusqu'au dix-huitième siècle, on avait cru que le corail était un arbrisseau vivant et se développant au fond de la mer. C'est seulement en 1727 qu'un Français, Peyssonnel, établit sa véritable nature, en montrant que les *fleurs* de cet *arbrisseau* étaient des animaux rayonnés, et que le corail était formé peu à peu par ces animaux.

Le corail se fixe sur les corps solides qu'il rencontre, par une espèce de pied conique évasé. La nature des supports paraît être indifférente pourvu qu'ils soient solides. Les tiges de corail sont, le plus souvent, disposées en sens contraire de celle des plantes ; fixées à la partie *inférieure* des rochers, elles s'allongent de haut en bas. Le corail, tel qu'on le connaît dans le commerce, se présente sous forme de petits arbrisseaux plus ou moins ramifiés ; mais, dans le corail vivant, toutes ces tiges sont recouvertes d'une sorte d'écorce blanchâtre, charnue, lisse et polie, montrant à sa surface un grand nombre de cellules dont chacune renferme un polype. Ce sont ces animaux, très élégants, qu'on avait pris pour les fleurs du corail.

Nous reproduisons ici, d'après l'excellent livre de M. Sonrel (*le Fond de la mer*), une figure montrant les polypes du corail épanouis à divers degrés.

Il est vrai que leurs huit tentacules allongés, pointus, incisés sur les bords, joints à la couleur complètement blanche des animaux eux-mêmes, constituent un ensemble qui, à une autre époque, pouvait être pris pour une fleur.

Le corail, débarrassé de son écorce, montre un grand nombre de stries parallèles, longitudinales, très souvent sinueuses, s'étendant d'un bout à l'autre de l'axe. Sa texture est extrêmement compacte ; c'est là précisément ce qui lui permet de prendre un poli parfait, et lui donne une grande partie de sa valeur. Mais

Fig. 88. — Polypes du corail à différents degrés de développement.

cette texture n'est pas pour cela homogène ; elle est au contraire parfaitement organisée. Il suffit, pour s'en convaincre, de casser ou de couper une tige de corail perpendiculairement à l'axe, et de faire agir sur la partie mise à nu un acide affaibli. Les différentes parties seront inégalement attaquées, et on verra apparaître une texture rayonnée des plus manifestes. Chaque rayon, partant de l'axe, ira aboutir à chacune des stries visibles sur la tige de corail.

Le corail existe probablement dans toutes les mers des régions chaudes et tempérées, mais c'est la Méditerranée qui fournit au commerce la plus grande partie de ce produit.

Pour le pêcher, on s'est longtemps servi d'une espèce de drague appelée *salabre*, formée de deux tiges de bois ou de fer disposées en croix de Saint-André, aux extrémités desquelles sont disposés des filets qui reçoivent le corail détaché par les chocs réitérés de l'appareil. — Il existe aussi, comme pour la pêche des perles, des plongeurs qui vont, à des profondeurs considérables, chercher cette belle production. Mais déjà les moyens dont nous avons parlé, à propos de la perle, ont été appliqués, avec un succès complet, à la pêche du corail.

Il entre dans la composition du corail 88 pour 100 de carbonate de chaux, un peu de magnésie, quelques traces de matières organiques, et environ 1 pour 100 d'oxyde de fer.

Le corail possède une propriété extrêmement curieuse, connue depuis très longtemps, et qui n'a pas peu contribué à élever cette substance au rang exceptionnel qu'elle a occupé en médecine jusqu'au dix-neuvième siècle. Certaines personnes ne peuvent porter sur la peau d'objets en corail sans qu'ils se décolorent, et ce phénomène est général pour toutes les personnes malades. Les anciens prétendaient même que, si une personne portant un collier de corail était sur le point de tomber malade, le corail se décolorait avant que la personne elle-même ressentît les premières atteintes du mal.

Les naturalistes, les chimistes se sont nécessairement demandé quelle était la nature de cette singulière matière colorante si complètement impressionnable. Bien que beaucoup de travaux aient été entrepris dans le but d'arriver à cette connaissance, le problème n'a pas encore reçu de solution. La seule substance colorante que la chimie ait pu jusqu'ici reconnaître dans le corail est l'oxyde de fer. Or ce composé, un des principes colorants les plus fixes de la nature, ne peut certainement pas.

dans les conditions dont il s'agit, être entraîné dans de nouvelles combinaisons et surtout dans des combinaisons incolores.

AMBRE

L'ambre a été connu dès la plus haute antiquité. Le célèbre fondateur de l'école ionienne, Thalès, qui vivait 600 ans avant notre ère, parle déjà de la propriété qui a surtout contribué à le rendre célèbre, celle d'attirer les corps légers quand il a été frotté. On sait que du nom grec de l'ambre (*électron*) dérive notre expression moderne *électricité*.

Les Grecs avaient pour expliquer l'origine de l'ambre une de ces traditions gracieuses comme toutes celles qu'enfanta le jeune et merveilleux génie de ce peuple. Ils disaient que les sœurs de Phaéton, pleurant la mort de leur frère, furent changées en peupliers sur les bords de l'Éridan, et que leurs larmes se transformaient en ambre.

C'est à cette légende que fait allusion le tendre et harmonieux poète des *Métamorphoses*, quand il dit :

> Stillataque sole rigescunt
> De ramis electra novis, quæ lucidus amnis
> Excipit et nuribus mittit gestanda Latinis.

Le suc de ces arbres nouveaux solidifié par les feux de l'astre du jour est reçu par les eaux transparentes du fleuve, qui bientôt l'offre en parure aux jeunes fiancées de l'Italie.

La chimie nous apprend que dans 100 grammes d'ambre il y a 80 grammes de charbon, $7^{gr},30$ d'hydrogène, $6^{gr},75$ d'oxygène, et quelques traces de chaux, d'alumine et de silice, le tout s'élevant à environ 3 grammes.

Cette composition est tout à fait celle d'une résine ; l'ambre, en effet, n'est pas autre chose.

C'est là un point que Pline avait déjà reconnu :
« L'ambre, dit-il, découle de la moelle de certains arbres
semblables aux pins. » Seulement cette citation nous
montre que le naturaliste romain considérait l'ambre
comme une production tout à fait contemporaine. Il
n'en est rien. L'ambre est une résine, mais c'est une
résine *fossile*.

Les lieux les plus riches en ambre sont les bords de
la mer Baltique, entre Dantzick et Memel; on on trouve
également dans le Danemark, en Suède, en Norvège,
en Pologne, en France, en Angleterre et dans diverses
parties de l'Asie et de l'Amérique.

Sur les bords de la mer Baltique, l'ambre est mis à nu
à mesure que les vagues, démolissant la côte, laissent
apparaître des couches de terrains jusque-là découvertes.

Partout où l'on rencontre l'ambre, on voit qu'il est
associé à des lignites. Il est à peu près certain que les
arbres résineux qui ont produit ce combustible ont également sécrété l'ambre, d'autant plus qu'il n'est pas rare
d'en rencontrer des fragments quelquefois considérables engagés au milieu des dépôts de lignites.

La présence des corps organisés et particulièrement
des insectes dans l'ambre était bien connue des anciens.
C'est ce que nous montre en particulier cette belle pensée de Martial :

> Dum Phaetoniæ formica vagatur in umbra,
> Implicuit tenuem succina gutta feram.
> Sic modo, quæ fuerat vita contempta manente,
> Funeribus facta est nunc pretiosa suis.

Une fourmi errant à l'ombre des rameaux des sœurs de Phaéton
fut saisie par une goutte d'ambre. Dès lors cet insecte qui, vivant,
n'inspirait que le mépris, mort, grâce à son tombeau devient
précieux.

Nous reproduisons ici d'après Kircher la figure d'un

ézard engagé dans un morceau d'ambre. L'original faisait partie de la collection du P. Kircher, et il nous apprend qu'il le tenait de la munificence d'Auguste, duc
de Brunswick.

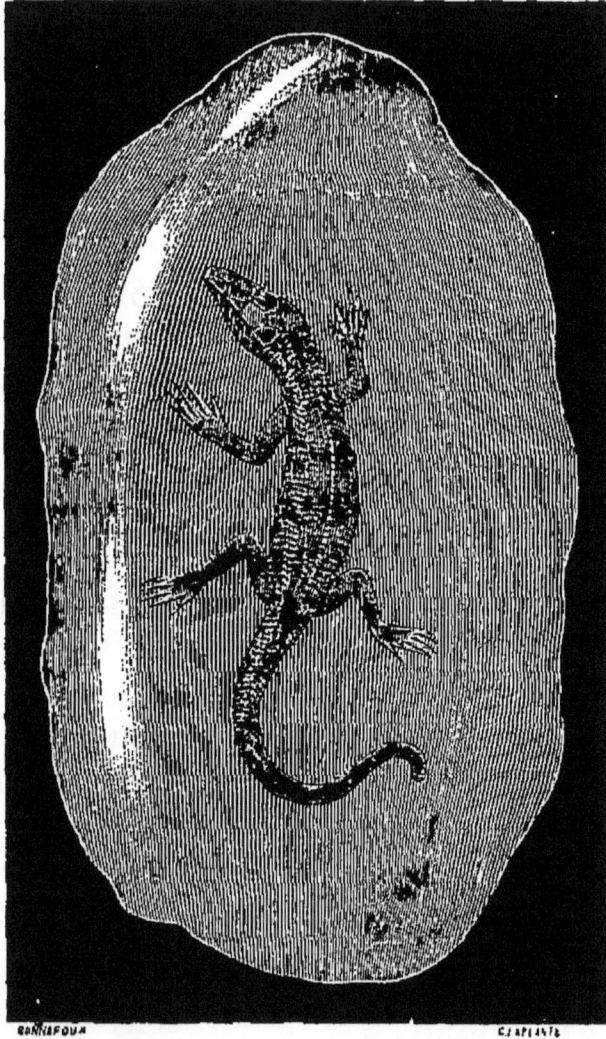

Fig. 89. — Lézard emprisonné dans un morceau d'ambre.

L'ambre le plus estimé est translucide, d'un beau
jaune citron, et tout annonce en lui une constitution
parfaitement homogène. Mais souvent cette substance
montre un aspect blanchâtre, et laisse voir des taches

dans son intérieur; l'ambre devient alors moins transparent, et peut même arriver jusqu'à l'opacité complète.

Pendant longtemps, l'ambre taillé à facettes a eu une vogue presque générale. Aujourd'hui il n'est plus employé comme parure que dans les contrées orientales : la Turquie, l'Arabie, l'Égypte, les Indes, la Perse. Taillé en boules percées, il sert surtout à faire des colliers.

Dans les pays occidentaux, l'ambre n'a pas d'autre usage que de servir à fabriquer de petits objets d'art : boîtes, coffrets, etc., et surtout à confectionner des bouts de tuyaux de pipe et des porte-cigares. On sait que, dans l'Orient, ces appendices sont également en ambre. Il existe même, à ce sujet, chez les peuples de ces contrées, une opinion assez curieuse, et qui justifie parfaitement l'usage exclusif de l'ambre pour l'emploi dont il s'agit, c'est que cette substance ne peut transmettre aucune infection. Ce serait là, avec les habitudes orientales surtout, une propriété extrêmement précieuse; malheureusement rien ne prouve qu'elle soit vraie.

Généralement les morceaux d'ambre sont assez petits, mais parfois cependant on en rencontre de très considérables. On en voit un, par exemple, au musée royal de Berlin, qui pèse plus de six kilogrammes.

On taille l'ambre sur la meule de plomb avec de la pierre ponce et de l'eau.

JAYET OU JAIS

Le jayet ou jais, substance d'un très beau noir, est un véritable lignite provenant de la décomposition de végétaux résineux enfouis dans la terre, des milliers de siècles avant les temps historiques. Toutefois le jayet est toujours une exception dans les mines de lignite.

La dureté, la finesse et la compacité de son tissu ont probablement pour cause principale la nature des arbres qui lui ont donné naissance. Dans tous les cas, c'est là ce qui permet au jayet de prendre un poli très brillant, et lui donne sa valeur comme objet de parure.

On rencontre le jayet partout où il existe de l'ambre et en beaucoup d'autres points où ce dernier ne se montre pas.

Sans sortir de la France, il existe des mines abondantes de jayet dans les Ardennes, les Pyrénées, l'Aude, l'Ariège, le Var, etc. Au siècle dernier, l'Aude comptait plus de douze cents ouvriers exclusivement occupés à travailler le jayet. Aujourd'hui cette industrie est très réduite. Il n'y a plus, en Europe, que l'Angleterre qui fasse un grand usage du jayet.

On a remplacé le jayet, qui est loin d'être sans agrément, par une foule de produits factices, et même par de mauvais morceaux de vitre sur la partie inférieure desquels on a passé une couche de vernis au noir de fumée.

Il est certain qu'on pourrait substituer au jayet, et surtout à ses imitations plus ou moins réussies, des pierres naturelles d'un prix très faible, et en particulier la tourmaline noire, la mélanite et l'obsidienne.

On travaille le jayet à l'aide d'un moulin à eau avec des meules unies au centre et raboteuses à la circonférence. Par cette disposition, l'ouvrier taille et polit la pièce sur la même roue.

VII

Production artificielle du diamant. — Diaman de bore. — Cagniard de Latour. Gannal. — MM. Despretz et de Chancourtois.

Avant de retracer l'histoire des essais faits pour reproduire artificiellement le diamant, il est nécessaire d'élargir cette question spéciale et de parler de deux autres corps simples qui, par l'ensemble de leurs propriétés, se rapprochent beaucoup du charbon, et sont probablement appelés à jouer un rôle considérable dans l'importante question dont nous allons nous occuper : ce sont le bore et le silicium.

Dans le domaine des sciences expérimentales, certaines découvertes font simplement connaître des faits nouveaux : d'autres, reliant des faits isolés, font apparaître un ensemble harmonieux, là où existaient seulement des parties isolées et disposées en apparence sans plan arrêté. C'est ce qui est arrivé dans la question qui nous occupe.

Il y avait longtemps qu'on connaissait les propriétés principales des combinaisons du carbone, du bore et du silicium, mais ces deux derniers corps simples étaient très difficiles à obtenir : la comparaison n'avait pu être établie sous cet état.

Grâce aux travaux de l'un de nos plus éminents chimistes français, M. H. Sainte-Claire Deville, et à M. Wœhler, le silicium et le bore peuvent être facilement préparés aujourd'hui, et la comparaison a révélé, entre ces deux corps et le carbone, un ensemble de propriétés si rapprochées, que M. Malaguti a pu écrire dans ses *Leçons de chimie* : « Le doute n'existe plus pour ce qui concerne l'analogie des trois corps considérés individuellement et dans leur état élémentaire. »

A l'appui de cette citation, nous allons signaler brièvement les principales propriétés communes à ces trois corps.

Le charbon, nous le savons, présente trois modifications. Il est cristallisé, graphitoïde et amorphe.

Il en est exactement de même du bore et du silicium.

Voici, d'après M. Malaguti, les propriétés de la variété cristallisée, celle qui correspond au diamant de charbon et que, par analogie, on a appelée diamant de bore.

Les cristaux de bore sont limpides et transparents, quelquefois colorés en rouge grenat, ou jaune de miel, par la présence de matières étrangères.

Leur réfrangibilité n'est comparable qu'à celle du diamant, et ils en présentent tous les effets de lumière réfléchie et réfractée. Le bore est aussi dur que le diamant, et, comme celui-ci, il raye le corindon et le rubis oriental : le diamant lui-même peut être poli et rodé par le bore.

M. Froment a pu en effet rayer un plan de diamant avec un cristal de bore. M. Voorzanger, d'Amsterdam, a essayé la poudre de bore pour tailler le diamant; l'opération a très bien réussi, seulement le travail s'est fait plus lentement, et il a fallu employer une quantité de poudre de bore plus grande que celle qui aurait été nécessaire si l'on eût fait usage d'égrisée.

Il existe dans la collection de l'École normale de Paris un diamant extrêmement dur dans lequel les arêtes de l'octaèdre offraient une rainure et deux bords saillants. On l'a soumis à l'action de la roue recouverte de pous-

Fig. 90. — Vue des *Lagoni* avant l'installation de l'industrie de l'acide borique.

sière de bore; il s'est usé de telle façon, que les arêtes ont disparu et que, dans plusieurs parties, la rainure elle-même n'existe plus. M. Guillot, qui a dirigé cet essai, a confirmé l'observation de M. Voorzanger : c'est que, pour produire un effet déterminé, il faut plus de bore que de poudre de diamant.

Tous ces essais nous révèlent des faits remarquables, et en particulier l'extrême dureté du bore ; on en a tiré toutefois des conséquences un peu exagérées.

Jusqu'à la découverte du bore, le diamant était le seul corps capable de rayer le corindon ; mais ce serait une grande erreur d'admettre qu'un corps qui raye le corindon est un diamant, ou même une substance aussi dure que le diamant. En réalité, il y a une grande différence, à ce point de vue, entre le diamant et le corindon, et on comprend qu'il pourrait exister des corps, nombreux même, dont la dureté, supérieure à celle du corindon, fût encore bien inférieure à celle du diamant. Un corps même qui polirait le diamant ne serait pas nécessairement aussi dur que lui, s'il est vrai, comme la chose paraît bien établie, que les Chinois parviennent à polir ce corps par l'action seule de l'émeri.

Disons encore que la plupart des énergiques agents dont dispose la chimie moderne sont sans action sur le bore. « C'est donc le plus inaltérable des corps simples, et si un jour on parvient à en obtenir de gros cristaux, *il pourrait remplacer le diamant.* » (M. Malaguti.)

On extrait le bore de l'acide borique.

L'acide borique est un produit que la nature élabore dans les profondeurs de la terre, et les circonstances qui accompagnent son apparition à la surface constituent un des faits les plus curieux de la chimie naturelle. C'est une chose merveilleuse, en effet, que de voir, sur une petite étendue d'un terrain accidenté, neuf ou dix établissements où se manifeste sans cesse une énorme puissance mécanique, où s'exécute une évaporation de 100 millions de kilogrammes de liquide, où l'on réalise une production annuelle de 1 million de kilogrammes d'acide borique cristallisé, sans que l'on aperçoive, ni machines, ni combustibles, ni matières premières.

En Toscane, dans un endroit connu sous le nom de *Lagoni*, on trouve un sol tourmenté et crevassé d'où sort, par jets, un mélange très chaud d'acide carbonique, azote, oxygène, hydrogène sulfuré, vapeur d'eau, acide chlorhydrique, matières organiques, et des sulfates d'ammoniaque, de chaux et d'alumine. Autour de ces crevasses soufflantes, que l'on appelle suffioni, l'on a construit des bassins circulaires de différents diamètres où arrive l'eau des sources voisines. Dès qu'elle est assez abondante pour pénétrer dans les fentes, on voit un singulier spectacle : le mélange gazeux la refoule, et, de sa masse, il s'élève des cônes qui se déchirent pour donner passage à une colonne de vapeur blanchâtre. L'eau ainsi refoulée renferme de l'acide borique. L'eau des bassins (Lagoni), après un ballottement de vingt-quatre heures, devient presque bouillante, et alors elle contient *un* pour cent d'acide borique. Cette dissolution si étendue est concentrée sans dépense par un artifice aussi simple qu'ingénieux ; on la fait passer dans des bassins inférieurs, où elle trouve encore de nouvelles crevasses soufflantes ; elle y pénètre et en est refoulée tour à tour, et sans cesse ; et comme l'ensemble des phénomènes est toujours le même, il en résulte qu'au bout de vingt-quatre heures l'eau contient plus d'acide borique qu'auparavant. De ce second bassin elle passe dans un troisième, situé plus bas, où elle s'enrichit encore, et ainsi de suite. (M. Malaguti.)

Quand le liquide est suffisamment chargé d'acide bo-

Fig. 91. — Vue des *Lagoni* après l'installation de l'industrie de l'acide borique.

rique, on le fait entrer dans le grand réservoir où on le laisse en repos, afin que les matières terreuses en suspension se déposent, puis on fait passer la partie limpide contenant l'acide borique dans des chaudières à évaporation. Ces chaudières très nombreuses, disposées par étages, sont chauffées par les courants des suffioni. Quand la dissolution est suffisamment concentrée, on la fait passer dans des réservoirs spéciaux, et, par le refroidissement, l'acide borique se dépose.

Nous donnons ici une vue de la région où se produit l'acide borique, et une deuxième vue montrant ce que ces lieux absolument déserts autrefois sont devenus, grâce à l'extension prise par l'extraction de l'acide borique. (Fig. 90 et fig. 91.)

Voici maintenant comment MM. Deville et Vœhler obtiennent le bore cristallisé :

Dans un creuset de charbon on introduit 80 grammes d'aluminium en gros morceaux, 100 grammes d'acide borique fondu et réduit en fragments. Ce creuset de charbon est placé, avec de la brasque, dans un creuset de plombagine, et le tout est soumis à l'action de la chaleur, dans un fourneau à vent, pouvant produire une température capable de fondre facilement le nickel pur. On maintient cette température pendant cinq heures, et quand, après le refroidissement, on casse le creuset, on trouve au fond deux couches distinctes : la plus inférieure, vitreuse, est formée d'acide borique et d'alumine ; la seconde, métallique, grise, caverneuse, est hérissée et imprégnée dans toute sa masse de petits cristaux très apparents : c'est du bore cristallisé.

La masse dans laquelle ces cristaux sont engagés est surtout formée d'aluminium, mais elle renferme encore des quantités variables de fer et de silicium.

On fait bouillir le tout avec une lessive de soude de

concentration moyenne ; l'aluminium se dissout. Ce qui
reste est mis à bouillir avec de l'acide chlorhydrique :
tout le fer rendu soluble est enlevé par ce liquide. La
partie non attaquée est traitée par un mélange d'acide
fluorhydrique et d'acide nitrique, qui enlèvent les dernières traces de silicium. Le bore, qui n'a pas éprouvé
la moindre action sous l'influence des agents précédents,
reste comme résidu définitif.

Toutefois le bore ainsi obtenu n'est pas encore pur.
Son analyse a donné à M. Deville les résultats suivants :

```
Bore. . . . . . . . . . . .    89,0
Aluminium. . . . . . . . . .    6,7
Carbone . . . . . . . . . .    4,2
                              ─────
                              100,0
```

Il est déjà très remarquable que cette proportion de
carbone (plus de 4 pour 100) n'empêche pas le bore
d'être transparent ; mais, ce qui est bien plus extraordinaire, c'est que la transparence du bore devient de plus
en plus grande à mesure que la proportion de charbon
augmente. Aussi est-on nécessairement arrivé avec M. Deville à cette conclusion : il est presque certain que le
charbon renfermé dans le bore cristallisé s'y trouve à
l'état de diamant.

Nous voyons donc que le bore mérite toute l'attention
des savants et des industriels au point de vue qui nous
occupe, puisqu'il peut devenir un diamant *spécial,* et
servir de dissolvant au charbon, c'est-à-dire concourir à
la production artificielle du diamant véritable.

Les propriétés du silicium sont les mêmes que celles
du bore ; il devient donc inutile de les passer en revue,
puisque nous aurions à répéter la plus grande partie
de ce que nous venons de dire au sujet de ce dernier
corps.

ESSAIS DE REPRODUCTION DU DIAMANT

Quand on examine l'origine probable du diamant, on s'arrête immédiatement à deux hypothèses rentrant dans les conditions générales que nous avons établies précédemment : 1° on peut considérer le charbon comme ayant été fondu par un feu assez violent, et le diamant ayant cristallisé dans un excès de liquide ; 2° on peut supposer un corps susceptible de dissoudre le charbon et le laissant ensuite cristalliser en s'évaporant.

En réalité il n'est pas possible, dans l'état actuel de nos connaissances, de dire à quelle origine se rattache le diamant ; mais la science possède, dès aujourd'hui, un certain nombre de faits considérés généralement comme établissant que le diamant n'a pas été produit sous l'action d'une haute température, et surtout par l'action directe de la chaleur sur le charbon. En effet, le charbon de bois, la houille, etc., sont très mauvais conducteurs de la chaleur et de l'électricité ; mais quand on les chauffe, ils acquièrent ces propriétés, et cela à un degré d'autant plus prononcé que la température a été plus élevée. Or le diamant est précisément un très mauvais conducteur de la chaleur et de l'électricité, comme le charbon qui n'a pas été chauffé, d'où l'on conclut, par analogie, que le diamant n'a pas été formé par voie ignée.

Il est certain que les raisons qui motivent cette opinion sont beaucoup plus apparentes que réelles. C'est qu'ici, en effet, on néglige complètement un élément de premier ordre, l'état moléculaire du diamant, c'est-à-dire son état cristallisé. La théorie indique et l'expérience démontre que la chaleur et l'électricité se propagent bien plus difficilement dans les corps cristallisés que dans ceux qui ne le sont pas, et cela quelle que soit la méthode

employée pour les obtenir. Mais ce qui porte beaucoup
plus à faire penser que réellement le diamant n'a pas été
formé par voie ignée, ce sont les insuccès complets de
M. Despretz dans ses premiers travaux, comme nous
allons le voir, malgré la prodigieuse chaleur à laquelle il
a soumis le charbon.

A côté des deux hypothèses précédentes sur l'origine
du diamant, nous devons en mentionner une troisième,
à cause de sa singularité, et surtout à cause de la grande
valeur et des connaissances spéciales du savant auquel
elle est due. D'après M. Brewster, le diamant serait d'origine organique.

L'illustre physicien d'Édimbourg a été conduit à cette
opinion par l'examen microscopique du diamant, dans
lequel il avait cru reconnaître des stries et des dispositions rappelant beaucoup les fibres des substances organiques, et notamment celles de certaines espèces de bois.

La connaissance de la composition chimique du diamant étant de date toute récente, ainsi que nous l'avons
vu, il en résulte que les nombreux essais entrepris pour
l'obtenir artificiellement n'ont pu être dirigés, avec
quelque chance de succès, que depuis un demi-siècle. Il
faut, en effet, arriver jusqu'à l'année 1828 pour rencontrer des tentatives, sinon concluantes, au moins ayant
vivement attiré l'attention. Les premières sont celles de
Cagniard de Latour, et les secondes celles de Gannal;
elles sont de la même époque, puisque celles du premier
de ces savants furent présentées à l'Académie des sciences
le 10 octobre 1828, et celles de Gannal le 23 novembre
de la même année.

Cagniard de Latour. — Ce savant adressa à l'Académie
des sciences dix tubes renfermant un certain nombre de
cristaux brunâtres dont quelques-uns avaient des dimensions assez notables; ils étaient brillants, transparents et

plus durs que le quartz. Ils furent examinés par MM. Thenard et Dumas. — Soumis à l'action d'une chaleur intense au contact de l'air, ils n'éprouvèrent pas le moindre changement, ce qui suffisait déjà pour prouver qu'ils n'étaient pas de la nature du diamant. En outre, malgré leur dureté considérable, ils étaient facilement rayés par ce dernier. Les savants académiciens reconnurent que ces prétendus diamants n'étaient que des silicates ou des pierres précieuses artificielles.

GANNAL. — Les essais de Gannal firent plus de bruit. Celui-ci ayant remis une certaine quantité de ses produits au directeur des ateliers du joaillier Petitot, M. Champigny, ce dernier les examina avec soin, et s'étant convaincu : 1° qu'ils rayaient l'acier; 2° qu'aucun métal ne pouvait les rayer; 5" que l'eau en était pure ; 4° qu'ils répandaient l'éclat le plus vif, il en conclut que ces petits corps étaient de véritables étincelles de diamant. Cette déclaration émanant d'un homme du métier ne pouvait manquer d'avoir un grand retentissement et de jeter une véritable panique dans le commerce du diamant. C'est en effet ce qui arriva.

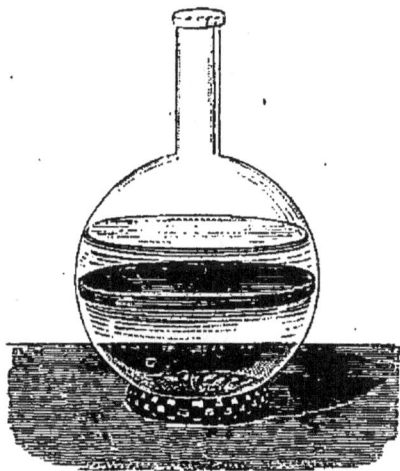

Fig. 92. — Disposition de Gannal pour la reproduction du diamant.

Voici quel était le procédé à l'aide duquel Gannal avait obtenu ses diamants :

Dans un matras il introduisait du sulfure de carbone, de l'eau et quelques morceaux de phosphore qui se dissolvaient rapidement dans le sulfure de carbone. Gannal espérait, par ce moyen, que le phosphore absorberait lentement le soufre du sulfure de carbone, et que le carbone, réduit peu à peu à l'état élémentaire, pourrait cristalliser.

Le sulfure de carbone et l'eau ne sont pas miscibles ; le premier, beaucoup plus dense, occupe le fond du vase.

Entre les deux couches, Gannal vit se former une pellicule qui, exposée au grand jour, réfléchit fortement la lumière. Avec le temps cette couche augmenta, et au bout de quelques mois elle était formée d'une agglomération de petits corps solides qui, à l'aide d'une filtration à travers une peau de chamois, purent être séparés du liquide au milieu duquel ils s'étaient produits. C'est cette substance qui, soumise à l'examen de M. Champigny, avait été prise pour du diamant. L'erreur était complète. On ne peut même s'expliquer la formation des cristaux dont il s'agit qu'en admettant l'emploi des produits impurs, ou la présence dans le matras des substances autres que celles dont nous avons parlé. Quoi qu'il en soit, il y a quarante ans que cette expérience a été faite, et, depuis lors, personne n'en a plus parlé.

Mais l'homme qui a surtout agité la question de la reproduction du diamant, et qui, pendant des années, troubla singulièrement le sommeil des négociants et des possesseurs de diamants, c'est M. Despretz.

Avec la patience et l'énergie que ce savant possédait au suprême degré, il organisa, sur une échelle inconnue jusque-là, plusieurs expériences extrêmement remarquables, que nous allons faire connaître.

M. Despretz croyait, tout d'abord au moins, que le diamant avait été formé par voie ignée. Aussi, dans ses premiers essais, soumit-il le charbon à l'action du plus effroyable foyer de chaleur qui jamais eût été produit. Réunissant et rangeant en bataille toutes les piles de Bunsen disponibles à Paris, il obtint un courant d'une intensité prodigieuse.

C'est à l'action de ce foyer que M. Despretz soumit le charbon avec l'espoir de le voir fondre. Il se réduisit immédiatement en vapeurs et alla se déposer en fine poussière sur les parois du vase dans lequel il était renfermé. Le charbon avait donc été *volatilisé* : M. Despretz l'admettait du moins, et même il tenait beaucoup à faire accepter cette opinion. Les nombreux auditeurs qui suivaient, il y a une quinzaine d'années, les cours de la Sorbonne, se souviennent, comme nous, combien M. Despretz insistait sur ce point, et avec quel profond dédain il disait, en nous montrant le globe de verre tout noirci à l'intérieur : « Et cependant il y a des gens qui prétendent que le charbon ne peut être volatilisé. » Malgré cette opinion d'ailleurs si respectable, il est bien probable que, dans l'expérience de M. Despretz, le charbon n'était pas *volatilisé,* en attachant à cette expression son sens ordinaire ; c'était une *dissociation* moléculaire qui n'impliquait nullement, pour le charbon, le passage préalable à l'état liquide, comme cela a toujours lieu quand les corps sont réellement volatilisés, même pour ceux dont la température de fusion est à peu près égale à la température de volatilisation. Quoi qu'il en soit, les résultats furent complètement nuls au point de vue de la reproduction du diamant.

Les moyens *violents* ayant complètement échoué, M. Despretz changea de système. Aux courants de la pile, intenses et continus, il substitua les courants d'*induction* faibles et intermittents ; mais, au lieu de les faire agir pendant quelques heures, comme dans ses premières expériences, il les maintint en activité pendant des mois entiers.

Voici en quels termes M. Despretz exposa lui-même, devant l'Académie des sciences, les résultats de ses nouvelles expériences :

« J'ai pris un ballon à deux tubulures, disposé comme l'œuf électrique ; à la tige inférieure j'ai attaché un cylindre de charbon pur de quelques centimètres de longueur et de un centimètre de diamètre. J'ai fixé à la tige supérieure un faisceau de fils fins de platine : j'ai fait le vide dans le ballon, puis, la distance du fil au charbon étant de cinq à six centimètres, j'ai fait passer le courant d'induction de l'appareil que construit M. Ruhmkorff.

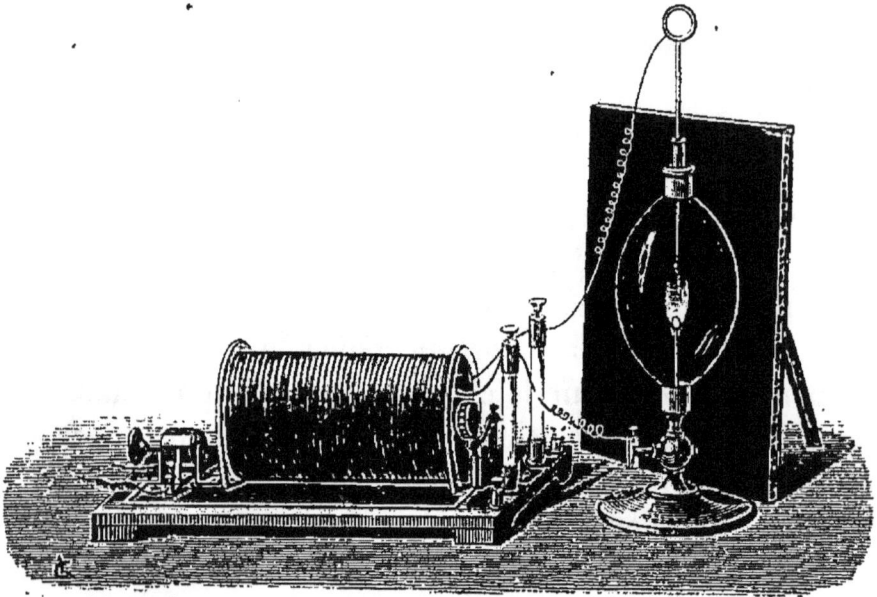

Fig. 95. — Disposition de l'expérience de M. Despretz pour la reproduction du diamant.

L'arc était rougeâtre, du côté du charbon, à une faible distance du platine ; la partie qui enveloppait l'extrémité des fils de platine était d'un bleu violet.

« L'appareil a toujours été maintenu dans cette disposition. Nous avons mis en haut le faisceau de platine, afin de n'avoir pas à confondre des petits éclats de charbon avec les cristaux qui pourraient se former.

« La pile se composait de quatre éléments de Daniell réunis deux à deux.

L'expérience a duré plus d'un mois sans interruption, sauf le temps nécessaire pour recharger la pile. Il s'est déposé une légère couche noire de charbon sur les fils. Cette couche, vue à la loupe, ne présente rien de bien distinct. Au microscope composé, avec un grossissement d'environ trente fois, elle offre plusieurs points intéressants. J'ai vu sur ces fils, et surtout aux extrémités, des points séparés les uns des autres, et qui m'ont paru appartenir à des octaèdres.

« J'ai également vu sur la couche noire, et même aux extrémités, quelques petits octaèdres reposant sur un sommet.

« J'ai examiné ces fils à plusieurs reprises et j'ai toujours vu la même chose.

« Un cristallographe habile et exercé a également reconnu les octaèdres noirs tronqués des extrémités, et les petits octaèdres blancs reposant sur un sommet.

« Je n'avais pas fait connaître d'avance à mon collègue, M. Delafosse, ce que j'avais observé.

« J'ai substitué aux fils une plaque de platine polie de un centimètre et demi de diamètre. Quoique cette expérience soit restée en action pendant plus de six semaines, il ne s'est pas déposé de cristaux sur la plaque. La plaque était couverte, dans le milieu de sa surface, de courbes presques circulaires d'un rayon plus grand que celui de la plaque. Chacune de ces courbes était peinte d'une des couleurs des lames minces. On voyait çà et là de petites taches d'un gris blanchâtre, qui paraissaient être le résultat de l'adhésion momentanée de dépôts isolés.

« Dans une autre expérience, j'ai fixé un cylindre de charbon pur au pôle positif d'une pile faible de Daniell, à l'autre pôle un fil de platine ; j'ai plongé les deux pôles dans de l'eau légèrement acidulée. Cette expérience a

duré plus de deux mois; le fil du pôle négatif s'est couvert d'une couche noire.

« L'examen au microscope n'a rien fait découvrir
dans cette couche.

« J'ai prié M. Gaudin, connu de l'Académie par diverses recherches, d'essayer l'un et l'autre produit sur
les pierres dures.

« Il a constaté, en ma présence, que la petite quantité
de matière dont était enveloppé l'un des douze fils de
platine, mêlée avec un peu d'huile, suffisait pour polir
en très peu de temps plusieurs rubis.

« La poudre noire déposée par la voie humide, quoiqu'en quantité beaucoup plus considérable, a exigé plus
de temps pour donner le même poli. On sait que le
diamant est le seul corps qui polisse le rubis; aussi
M. Gaudin n'a pas hésité à considérer l'une et l'autre
matière comme de la poudre de diamant. »

Deux points ressortent de l'exposition précédente :
1° il est probable que le diamant n'est pas d'origine
ignée; 2° il paraît évident que M. Despretz a réellement
obtenu, artificiellement, le diamant véritable. C'est, du
reste, l'opinion des hommes les plus autorisés, et, en
particulier, celle de M. Dufrénoy.

La dernière contribution fournie à la question si inté-
ressante de la reproduction du diamant a été apportée
par un ingénieur bien connu dans la science, M. de
Chancourtois. Ce savant rappelle les phénomènes présentés par les solfatares dans lesquelles l'hydrogène sulfuré,
sous l'influence d'une oxydation humide, se transforme
lentement en eau, en acide sulfureux, et laisse déposer
du soufre cristallisé. Il admet ensuite qu'il peut se produire sur les hydrogènes carbonés des réactions du même
ordre. Sous l'influence d'une oxydation humide, tout
l'hydrogène est transformé en eau, *une partie seule-*

ment du carbone en acide carbonique, tandis que le
reste se déposant lentement pourrait cristalliser et for-
merait du diamant. Comme moyens de vérification, M. de
Chancourtois conseille de faire passer un courant très
lent d'hydrogène carboné dans une masse de sable contenant des traces de matières putrescibles, et, comme
expérience toute préparée et s'effectuant journellement
sur une grande échelle, les fuites des tuyaux de gaz
d'éclairage qui, dans la plupart des cas, réalisent les
conditions indiquées par le savant ingénieur.

Il y a huit ans que M. de Chancourtois a fait connaître
les vues originales que nous venons de citer; mais il ne
paraît pas qu'elles aient jusqu'ici conduit à un résultat
positif quelconque.

Après avoir exposé les principaux essais tentés pour
reproduire artificiellement le diamant, nous devons nous
demander ce qu'on peut raisonnablement augurer aujour-
d'hui pour la solution définitive de la question.

Quand on examine la nature et la constitution du
diamant, son état parfaitement cristallisé, sa forme
dépendant complètement du type régulier; quand on se
rappelle qu'un grand nombre de corps naturels plus complexes comme composition, et plus compliqués comme
constitution cristalline, ont été reproduits artificiellement
de la manière la plus complète; enfin, quand on se
reporte aux résultats bien positifs (ici la *grosseur* des
cristaux est parfaitement indifférente) obtenus par
M. Despretz dans la seconde série de ses célèbres expériences, il semble qu'il ne peut plus exister de doutes
sérieux sur la possibilité de la reproduction artificielle
du diamant. Sans doute ce sera là une découverte dont
les marchands et les possesseurs de diamants auront
beaucoup à souffrir; mais tel est l'effet irrésistible des
grandes découvertes; seulement, ici comme toujours, il

est certain que les inconvénients qui résultent pour les intérêts, d'ailleurs si respectables, d'un certain nombre de personnes, seront mille fois compensés par les avantages généraux qu'en retireront les arts et l'industrie, et, dès lors, en se plaçant au point de vue du véritable progrès, on doit faire des vœux pour l'avènement prochain de ce grand fait scientifique.

VIII

Production artificielle des pierres précieuses véritables. — Résultats obtenus. — MM. Becquerel, Ebelman, Gaudin, Henri Sainte-Claire Deville, de Sénarmont, Daubrée, Durocher, H. Sainte-Claire Deville et Caron, etc.

Nous avons établi dans le premier chapitre de ce livre que les parties élémentaires des substances minérales aujourd'hui transparentes et translucides, celles des pierres précieuses plus particulièrement, avaient dû être, à l'origine, dans des conditions qui leur permettaient de se mouvoir librement. Nous avons dit encore que ces conditions se rattachaient toutes à trois méthodes générales. Elles peuvent se formuler ainsi :

1° Fusion directe de la matière à l'aide d'une chaleur suffisante ;

2° Dissolution, à des températures variables, de la substance minérale dans un corps étranger, et volatilisation complète ou partielle du dissolvant, ou cristallisation, sans évaporation, sous l'influence des forces naturelles, soit seules, soit aidées par la chaleur, l'électricité, etc. ;

3° Réduction préalable en vapeur des substances destinées à réagir les unes sur les autres.

A la première méthode se rattachent d'abord les résultats des observations de Mitscherlich sur les espèces minérales qui se produisent naturellement dans les hauts fourneaux où l'on réduit les métaux, les reproductions directes de plusieurs minéraux, par Berthier, et surtout la fusion de l'alumine et de la silice, par M. Gaudin.

La deuxième méthode comprend les résultats si remarquables d'Ebelman, celle que M. de Sénarmont a mise en usage, mais dans laquelle intervient un élément nouveau, celui d'une très forte pression ; enfin celle de M. Becquerel, mais avec un élément tout différent encore, l'action d'un faible courant électrique.

Enfin à la troisième méthode se rapportent les résultats obtenus par MM. Daubrée, Ebelman, Durocher, Henri Sainte-Claire Deville et Caron, etc.

PREMIÈRE MÉTHODE

Si quelqu'un venait dire : Je vais produire un feu d'une puissance excessive sans employer autre chose que de l'eau, il est évident qu'il courrait grand risque d'être considéré comme un véritable fou, le feu et l'eau ayant, de tous temps, été considérés comme les antipodes l'un de l'autre. Mais, que cette même personne, modifiant légèrement l'énoncé précédent, nous dise : Je vais produire un feu d'une intensité excessive à l'aide d'éléments que je retirerai exclusivement de l'eau ordinaire, la proposition n'en paraîtra pas beaucoup moins invraisemblable, et, cependant, rien n'est plus rigoureusement exact. C'est à l'aide des éléments qui constituent l'eau, et bien plus, en refaisant de l'eau, qu'on produit les plus hautes températures qu'il ait été jusqu'ici possible d'atteindre à l'aide de la combustion proprement dite.

L'eau est formée de deux corps que, dans l'état actuel de nos connaissances, nous considérons comme simples, ce sont deux gaz : l'un a été appelé *oxygène* et l'autre *hydrogène*. Si l'on fait un mélange de ces deux gaz, et qu'on en approche un corps enflammé, les deux gaz se combinent, et il se forme de l'eau, mais, en même temps, il y a production de lumière et développement d'une grande quantité de chaleur. Ces deux effets atteignent leur maximum quand le mélange est formé de un volume d'oxygène et de deux d'hydrogène.

Si, au lieu d'opérer d'abord le mélange, on s'arrange de manière à ce que les deux gaz arrivent séparément, d'une manière uniforme, à un même orifice de petit diamètre, et qu'on approche de cet orifice un corps en ignition, le mélange s'enflamme. Comme les deux gaz se renouvellent constamment à l'ouverture, la combustion ne s'interrompt plus, et on obtient un jet de flamme analogue à celui d'un bec d'éclairage. Il est très peu éclairant, mais la température qu'il développe est excessivement élevée. On a alors ce qu'on appelle le *chalumeau à gaz hydrogène et oxygène.*

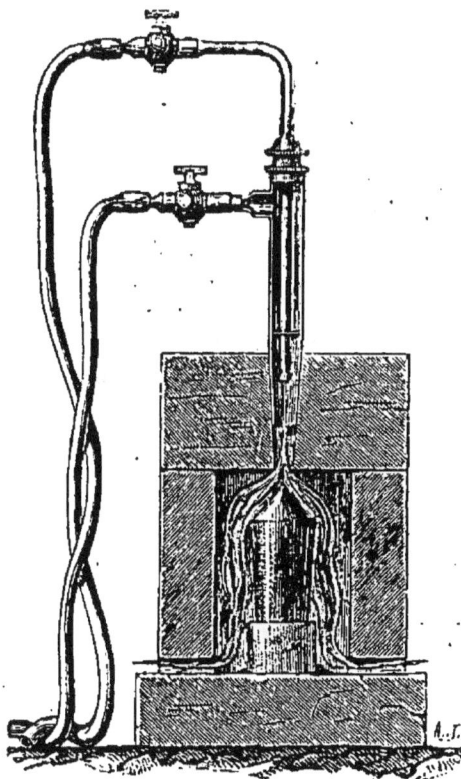

Fig. 94.
Chalumeau à gaz hydrogène et oxygène.

La figure suivante montre la disposition adoptée par MM. H. Sainte-Claire Deville et Debray pour cet instrument.

C'est à l'aide de cet instrument que M. Gaudin a fondu, pour la première fois, la silice et l'alumine, et reproduit artificiellement le corindon.

Le corindon, ainsi que nous l'avons vu, est de l'alu-

mine cristallisée. Pour l'obtenir, M. Gaudin a chauffé de
l'alun ammoniacal et de l'alun potassique ; l'énorme
chaleur développée par son appareil a volatilisé la potasse, et l'alumine a cristallisé. Des rubis ont été obtenus
de cette manière, et M. Dufrénoy a reconnu dans ces
produits la forme rhomboédrique et le clivage triple
propre au corindon. Enfin, M. Malaguti a établi, par
l'analyse de ces cristaux, qu'ils renferment 97 pour 100
d'alumine et 2 de silicate de chaux, composition analogue à celle des rubis.

« Les expériences de M. Gaudin remontent à 1837 :
cette date donne la priorité à cet ingénieux physicien pour
la reproduction artificielle du corindon. » (M. Dufrénoy.)

Il faut bien noter toutefois que plus de dix ans avant
les travaux de M. Gaudin, un homme qui a laissé dans
la science une trace profonde, Berthier, en s'appuyant
sur les proportions chimiques, a reproduit un grand
nombre de minéraux, le péridot, le pyroxène à base de
fer, etc., en mettant leurs éléments en présence à une
haute température[1].

DEUXIÈME MÉTHODE

Tout le monde connaît, de nom au moins, *la pile de Volta.*

Les grands faits qu'elle permit d'abord de produire
furent des faits de décomposition. Le sodium et le potassium isolés, pour la première fois, grâce à son puissant
concours, resteront toujours comme l'une des plus
magnifiques conquêtes de la chimie moderne, et l'instrument qui, au lendemain de son apparition, produisait
déjà de tels résultats, devait faire concevoir les plus
grandes espérances. Mais, si grandes qu'elles fussent à

1. Voyez à l'Appendice une note sur la production artificielle du rubis,
définitivement obtenue par MM. Fremy et Verneuil en 1887.

l'origine, elles ont été dépassées. Un demi-siècle ne s'était pas écoulé depuis sa découverte que le monde était en possession d'une foule d'applications capitales dérivant toutes de cet admirable instrument.

Pendant vingt-cinq ou trente ans, les physiciens, sous le prestige des merveilleux résultats obtenus par Davy, portèrent toute leur attention sur les courants puissants. Mais si, après avoir suffisamment admiré un torrent renversant tous les obstacles qu'on lui oppose, on diminue suffisamment l'impétuosité de son cours, ce même torrent, tout à l'heure dévastateur, va rapprocher lentement, en déterminant leur union, les éléments épars, qui, sans lui, seraient restés isolés ou qu'il aurait dispersés ; la destruction va faire place à l'union : à la mort, sur ses rives, va succéder la vie.

Telle est, en ne descendant pas trop au fond des choses, l'image des courants voltaïques, suivant qu'ils sont puissants ou faibles.

Davy et les physiciens qui le suivirent mirent seulement les premiers en œuvre ; mais, en 1823, l'un de nos grands physiciens français, M. Becquerel, émit cette idée alors tout à fait nouvelle, d'employer les courants de la pile à déterminer non plus des décompositions mais des combinaisons. M. Bec-

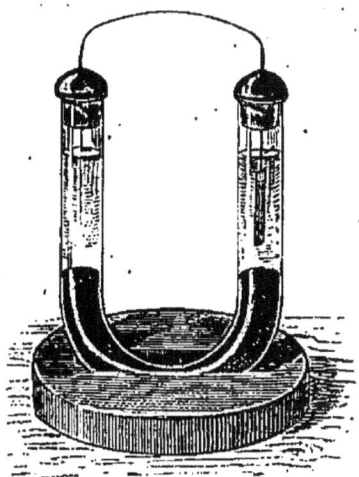

Fig. 95. — Appareil voltaïque de M. Becquerel, pour la production des cristaux.

querel fit intervenir des courants très faibles, et les résultats qu'il obtint dépassèrent ses espérances.

L'appareil très simple mis en usage par le savant physicien est représenté dans la figure ci-dessus.

C'est un tube recourbé en forme de U. La partie courbe est remplie d'argile, ce qui ne permet pas aux liquides contenus dans les deux branches de se mélanger, mais n'empêche pas les actions et les transports moléculaires de se produire. Les deux liquides sont, en outre, mis en communication directe à l'aide d'un fil métallique.

L'une des substances reproduites par M. Becquerel est le sulfure d'argent cristallisé. Il avait mis dans la branche de gauche de son appareil une dissolution saturée d'azotate d'argent, dans la branche de droite une dissolution de sulfure de potassium, et établi la communication entre les deux liquides à l'aide d'un fil d'argent. Il se déposa de l'argent sur le fil de gauche, et des cristaux de sulfure double d'argent et de potassium sur le fil de droite; mais le sulfure de potassium étant rapidement détruit par l'acide azotique, il resta sur les fils, dans l'argile et sur les parois du tube, des cristaux parfaitement définis de sulfure d'argent présentant tous les caractères des cristaux naturels.

Le courant déterminé dans les appareils de M. Becquerel étant extrêmement faible, les cristaux se forment avec une très grande lenteur; c'est là un côté important qui rapproche la méthode dont il s'agit des procédés de la nature qui, elle aussi, produit très lentement.

Le Muséum d'histoire naturelle de Paris possède un grand nombre de cristaux artificiels obtenus par les procédés de M. Becquerel; ils ont tous mis plusieurs années à se former; quelques-uns ont employé sept à huit ans, et, malgré ce temps, qui peut paraître assez long, leurs dimensions ne dépassent pas quelques millimètres; seulement leur pureté complète, leur cristallisation parfaitement définie, les rendent tout aussi précieux pour la science que s'ils avaient des dimensions beaucoup plus considérables.

EBELMAN. — La méthode par fusion directe ne pouvait nécessairement espérer de reproduire que les minéraux fusibles. La méthode électrique n'avait donné ni un silicate ni un aluminate, et comme les corps cristallisés appartenant à ces deux classes sont de beaucoup les plus importants, il était extrêmement désirable qu'on découvrît une méthode permettant de les amener à cet état. Cette méthode existe aujourd'hui; nous la devons à Ebelman.

Tout le monde sait que, si l'on fait dissoudre dans l'eau des substances cristallines, du sel ordinaire, par exemple, et qu'on abandonne le tout à l'air dans un vase ouvert, l'eau disparaîtra au bout d'un certain temps, et il restera dans le vase du sel solide et cristallisé.

Procédant par analogie, Ebelman se posa le problème suivant : Trouver un corps *pouvant dissoudre* les combinaisons infusibles *sans contracter de combinaisons avec elles* et *pouvant se réduire en vapeurs* à une température plus élevée encore. Ce problème, Ebelman le résolut.

L'expérience lui montra que l'acide phosphorique, les phosphates alcalins, le borate de soude, et surtout l'acide borique, possédaient les propriétés requises.

« Outre cette propriété dissolvante, l'intervention de l'acide borique, semblable à celle de l'eau, favorise la combinaison des corps que l'on y met en présence, sans se combiner avec eux. Ce simple énoncé caractérise la découverte faite par M. Ebelman; elle a fourni à la chimie un principe nouveau dont les conséquences sont du plus haut intérêt. » (M. Dufrénoy.)

Ebelman, directeur de la manufacture de porcelaine de Sèvres, mit à profit la haute température développée dans les fours pour faire ses premières expériences.

Des mélanges en proportions correspondantes à la composition des pierres à reproduire étaient mis dans des capsules en platine avec de l'acide borique, et le tout était porté lentement au rouge blanc. L'acide borique fondait, les oxydes se mêlaient d'abord puis se dissolvaient. Quand la température arrivait au blanc, l'acide borique se volatilisait, et les substances qu'il tenait en dissolution cristallisaient, comme l'avait prévu Ebelman.

Il reproduisit d'abord le spinelle en mettant dans ses capsules de l'alumine, de la magnésie et de l'oxyde vert de chrome dans les proportions indiquées par l'analyse du spinelle naturel, le tout mêlé avec de l'acide borique. Le succès fut complet ; les cristaux ainsi obtenus étaient tellement identiques à ceux de la nature que, mêlés avec ces derniers, il fut ensuite absolument impossible à M. Dufrénoy de les en distinguer.

La question scientifique était donc complètement résolue, mais la chaleur à laquelle se volatilise l'acide borique ne pouvant être maintenue dans les fours de Sèvres que cinq ou six heures, les cristaux obtenus, bien que parfaitement définis, étaient toujours très petits.

M. Bapterosse, fabricant de boutons en pâte céramique, mit ses fours à feu continu à la disposition d'Ebelman.

Dans ces conditions Ebelman, pouvant employer jusqu'à 500 grammes de mélange, obtint des cristaux de quatre et même de cinq millimètres de côté. Les uns étaient en octaèdres purs, les autres en octaèdres tronqués sur les douze arêtes et passant au dodécaèdre. Les dimensions de ces cristaux étaient assez considérables pour qu'on pût les tailler et s'en servir comme pierre fine. Il est hors de doute que si Ebelman avait pu opérer sur une plus grande quantité de matière, et qu'il eût pu prolonger pendant un temps plus long encore l'évaporation de l'acide borique, il eût produit des cristaux plus volumineux que ceux qu'il a obtenus.

« Ce beau résultat est le dernier que ce jeune savant, qui avait déjà fait des travaux si remarquables, ait obtenu. Il était sur la voie de la fabrication des pierres fines de couleur, et l'on peut assurer que, sans la mort prématurée qui l'a enlevé à la science, il aurait créé une industrie nouvelle dont personne n'avait même conçu la possibilité. » (M. Dufrénoy.)

M. DE SÉNARMONT. — La méthode employée par M. de Sénarmont est la méthode de *dissolution à l'aide de l'eau*; c'est sans aucun doute celle que la nature a dû employer bien souvent. En voyant comment les choses se passent aujourd'hui sous nos yeux dans les cavernes et les crevasses calcaires, en constatant qu'un petit nombre d'années suffisent pour produire ces stalactites de carbonate de chaux cristallisé, le naturaliste comme le simple observateur sont amenés à attribuer à l'eau une part considérable dans la production des substances minérales cristallisées de notre globe.

Au lieu d'examiner seulement ce qui se passe dans les cavernes où la température et la pression ne diffèrent pas sensiblement de celles du dehors, considérons les phénomènes présentés par les sources thermales. On trouve là d'abord une température et une pression souvent très-élevées, ensuite des gaz, en général l'acide carbonique qui, dans ces conditions, acquiert un pouvoir dissolvant très considérable. Aussi l'abondance des dépôts fournis par les eaux minérales est un fait bien connu.

C'est surtout guidé par les considérations précédentes que M. de Sénarmont imagina et mit en usage la méthode que nous allons faire connaître.

Ce savant introduisit dans des tubes de verre vert très résistants les éléments des substances qu'il voulait reproduire; il ajouta ensuite de la silice gélatineuse et un corps susceptible de fournir de l'acide carbonique par l'action de la chaleur (bicarbonate de soude), ferma les tubes à la lampe, et les soumit à des températures variables, et, par suite à des pressions variables.

M. de Sénarmont obtint par ce procédé, ainsi qu'il l'avait prévu, un grand nombre de composés minéraux cristallisés; mais le plus remarquable de tous fut certainement le quartz. La silice, sous l'influence d'une haute température se *déshydratant* complètement, *bien que plongée dans une masse d'eau* relativement considérable, et cristallisant, est certainement un résultat d'autant plus extraordinaire que rien ne pouvait le faire prévoir.

Disons enfin que la méthode mise en œuvre par M. de Sénarmont est générale, c'est-à-dire s'applique à la reproduction de toutes les espèces cristallines, caractère que n'avait présenté aucune de celles qui l'avaient précédée.

TROISIÈME MÉTHODE

M. Daubrée. — M. Daubrée avait indiqué dès 1841 le principe qui le conduisit, en 1849, à reproduire artificiellement un certain nombre de minéraux cristallisés. Il peut se formuler de la façon suivante : Faire réagir, à une température suffisante, la vapeur d'eau sur les fluorures, chlorures, etc., métalliques amenés eux-mêmes à l'état de vapeur par l'action de la chaleur.

Dans ces conditions, une double décomposition se produit, et il se forme des oxydes métalliques qui cristallisent.

Des résultats du même ordre se produisent encore si l'on met seulement en présence les vapeurs des combinaisons métalliques destinées à donner naissance à de nouveaux corps.

M. Daubrée a obtenu par ce procédé un grand nombre d'espèces parfaitement cristallisées, entre autres l'oxyde d'étain et le quartz. Au lieu de faire réagir les vapeurs les unes sur les autres, on les a fait agir directement sur les corps solides, et les résultats n'ont pas été moins satisfaisants. C'est par l'emploi de cette méthode que M. Daubrée a reproduit le premier l'apatite, et un composé ayant la plus grande analogie avec la topaze. Plus tard, par l'emploi des chlorures de silicium et d'aluminium, il a produit des silicates et des aluminates cristallisés.

M. DUROCHER. — M. Durocher a pu également reproduire un grand nombre de minéraux cristallisés, par l'emploi d'une méthode ayant assez d'analogie avec celle de M. Daubrée. Il a pris, comme lui, des tubes de verre peu fusibles, les a chauffés à des températures variant de 100 degrés au rouge sombre, et les a fait traverser par des mélanges de vapeurs métalliques (souvent à l'état de chlorures), soit seules, soit avec différents gaz. Dans ces conditions, les réactions prévues se sont produites, et les cristaux ont pris naissance.

« La différence essentielle entre les procédés de MM. Durocher et Daubrée consiste en ce que le premier mit en présence des combinaisons solubles dont chacune appartient à des éléments du minéral qu'il veut fixer, et que M. Daubrée fait intervenir des vapeurs d'eau comme moyen de décomposition des vapeurs génératrices. (M. Dufrénoy.)

MM. DEVILLE ET CARON. — Les derniers essais de reproduction des cristaux, et en particulier des pierres précieuses, ont été faits par MM. Deville et Caron. La méthode mise en usage par ces savants se rapporte à la précédente comme principe. Mais les moyens d'action sont incomparablement plus énergiques que ceux dont MM. Daubrée et Durocher ont fait usage. Aussi les résultats de MM. Deville et Caron surpassent-ils de beaucoup tout ce qui avait été réalisé dans cette voie.

Avec l'énorme température développée par les fourneaux de Deville et Caron, il ne faut pas songer à employer les creusets ordinaires; ils fondraient comme du plomb. MM. Deville et Caron ont fait usage de creusets de chaux; ils sont absolument réfractaires, et, de plus, d'un bon marché excessif, puisque chacun peut les faire soi-même avec un morceau de chaux légèrement hydraulique que l'on taille en prisme, et qu'on creuse avec un couteau.

Nous allons faire connaître, d'après le mémoire de MM. Deville et Caron, les principaux résultats obtenus par ces savants en ce qui touche particulièrement les pierres précieuses.

Corindon blanc. — On met dans un creuset de chaux du fluorure d'aluminium, et au-dessus on assujettit une petite coupelle de chaux remplie d'acide borique. Le creuset de chaux muni de son couvercle et convenablement protégé contre l'action de l'air, est ensuite chauffé au blanc pendant une heure environ. Les deux vapeurs de fluorure d'aluminium et d'acide borique se rencontrent dans l'espace libre qui existe entre eux, se décomposent mutuellement, en donnant du corindon (oxyde d'aluminium) et du fluorure de bore. Les cristaux sont généralement des rhomboèdres basés avec des faces du prisme hexagonal régulier. Ils n'ont qu'un axe, sont négatifs et possèdent ainsi toute la composition chimique (déterminée par MM. Deville et Caron), toutes les propriétés optiques et cristallographiques du corindon naturel, dont ils ont la dureté. On obtient ainsi de grands cristaux de corindon de plus de 1 centimètre de long, très larges, mais toujours peu épais.

Rubis. — On l'obtient avec une facilité remarquable et de la même manière que le corindon; seulement on ajoute au fluorure d'aluminium une petite quantité de fluorure de chrome, et l'on opère dans des creusets d'alumine, en plaçant l'acide borique dans des capsules en platine. La teinte rouge violacée des rubis ainsi obtenus est exactement la même que celle des plus beaux rubis naturels : elle est due à l'oxyde de chrome.

Saphir. — Le saphir bleu se produit dans les mêmes conditions que le rubis : il est également coloré par l'oxyde de chrome; la seule différence qui existe entre eux consiste dans la proportion de la matière colorante, et peut-être aussi dans l'état d'oxydation du chrome.

Dans plusieurs de leurs expériences, MM. Deville et Caron ont obtenu, l'un à côté de l'autre, des rubis rouges et des saphirs du plus beau bleu.

Cymophane. — On fait un mélange, à équivalents égaux, de fluorure d'aluminiun et de fluorure de glucinium, on le met dans le creuset, on place au-dessus la coupelle remplie d'acide borique et on chauffe. On obtient des échantillons de cymophane identiques à tous les points de vue avec ceux qui nous viennent d'Amérique. MM. Deville et Caron ont obtenu, par ce moyen, des cristaux de cymophane de plusieurs millimètres de largeur, et d'une très grande perfection de formes.

Les procédés que nous venons d'examiner se distinguent tous par un caractère spécial bien que se rattachant, comme nous l'avons dit, à un très petit nombre de lois. Il est bien probable qu'ils ont été tour à tour mis en usage par la nature. Ils suffisent, dans tous les cas, pour expliquer la formation de la plus grande partie des substances minérales cristallisées aujourd'hui connues.

IX

Des pierres précieuses fausses.

Sous le nom de pierres précieuses fausses, il faut distinguer deux catégories de produits essentiellement différents, l'un naturel et l'autre artificiel.

La première comprend des pierres assez dures pour résister à la lime : ce sont en général des quartz, soit hyalins, soit diversement colorés.

Les autres sont des composés artificiels de la nature du verre.

Entre ces deux catégories, il faut en placer une troisième d'un ordre tout spécial, qui, entre les mains de vendeurs de mauvaise foi ou simplement inexpérimentés, se prête de la manière la plus facile à la tromperie et à l'erreur. Les pierres dont il s'agit sont des *pierres fausses doublées*.

Il importe beaucoup d'examiner cette question dans son ensemble, car on croit, en général, dans le public, que les pierres fausses sont nécessairement des pierres à base de verre et dont la dureté, par conséquent, est toujours très faible.

Combien de fois, après avoir déclaré que des rubis, des topazes, des hyacinthes, etc., étaient faux, m'a-t-on fait cette réponse, à laquelle il semble qu'il n'y eût rien à objecter : « Mais voici une lime : essayez d'attaquer ces pierres, vous n'y parviendrez pas. » Sans doute; seulement qu'on soumette à la même épreuve un quartz quelconque, le résultat sera tout aussi négatif. Comme d'un autre côté, nous l'avons dit, les quartz hyalins ou diversement colorés sont très nombreux dans la nature, il en résulte qu'on peut se procurer, à des prix tout à fait minimes, des pierres résistant parfaitement à la lime, et montrant, d'une manière souvent remarquable, toute la série des couleurs qu'on admire dans les véritables pierres précieuses.

Les pierres de cette espèce sont très répandues dans le commerce; on peut même dire que, sauf quelques exceptions, toutes celles qu'on désigne sous le nom de pierres occidentales appartiennent à cette catégorie, et constituent des produits à peu près sans valeur.

A ce même ordre d'idées se rattache encore une autre pratique malheureusement trop commune, c'est celle qui consiste à faire passer une pierre d'une certaine nature et d'une certaine valeur, pour une pierre d'une autre nature et d'une valeur beaucoup plus grande. Nous signalons seulement ici ce point très important, sans qu'il soit nécessaire de nous y arrêter longtemps, puisque nous nous en sommes déjà occupés à plusieurs reprises dans les chapitres IV et V; mais, à cause de l'importance de la question, il est nécessaire d'entrer ici dans quelques détails au sujet de la fraude du diamant.

La topaze et le saphir plus ou moins incolores qui, au point de vue de la composition, diffèrent à peine, ont une densité sensiblement égale à celle du diamant; leur dureté très grande est représentée par 9, celle du diamant étant 10; leur pouvoir réfringent est considérable; ils se rencontrent parfois dans la nature en fragments incolores ou faiblement teintés de diverses nuances, etc. Il y a là, on le comprend, une réunion de caractères plus que suf-

fisants pour tenter la cupidité ou l'amour-propre ; aussi
de tout temps, et particulièrement à notre époque, a-t-on
souvent réussi à faire passer comme diamants des saphirs
et des topazes incolores taillés en brillants ou en roses.

C'est même là un fait tellement général que, dans les
lieux de production, les topazes incolores se vendent plus
cher que ne le comporte leur prix commercial *comme
topaze*, car l'acheteur a toujours le secret espoir d'en
vendre au moins quelques-unes comme diamants.

Aujourd'hui il existe, pour distinguer un diamant d'un
saphir ou d'une topaze, des procédés d'une certitude
géométrique ; mais jusqu'aux temps tout à fait modernes,
il en était bien autrement. Aussi, non seulement les
topazes incolores étaient données pour des diamants,
mais on savait très bien, par différents moyens, et particulièrement par l'action du feu, enlever, dans ce but, la
couleur aux topazes. Il y a même plus, c'est que les expé-
rimentateurs du moyen âge, sous l'influence des idées
de transmutation qui dominaient alors, croyaient être arrivés à transformer les topazes et les rubis en vrais diamants.

Cardan nous fournit à ce sujet de très curieux détails.

Un saphir limpide, mais toutefois de petite couleur,
est mis avec de l'or (probablement dans un creuset). On
chauffe peu à peu jusqu'à ce que l'or entre en fusion,
et on le maintient bouillant (?) pendant trois ou quatre
heures. On laisse ensuite refroidir le tout très lentement,
on retire le saphir et on trouve qu'il est changé en
diamant. En effet, il n'a pas cessé d'être pierre précieuse,
puisqu'il résiste toujours à la lime, et qu'il a perdu
complètement toute trace de coloration. Cependant nous
recherchons, pour cette opération, les saphirs de couleur
très faible, car, d'abord, leur prix est moins élevé, et
ensuite, ils se convertissent plus vite et plus complètement en diamant.

Celui, dit encore Cardan, qui fit cette découverte devint fort riche en très peu de temps, et, bien qu'aujourd'hui ce procédé soit très connu, il procure encore à ceux qui l'emploient de très beaux bénéfices.

Au lieu de faire bouillir les saphirs dans l'or fondu, on peut les envelopper avec de la craie, les soumettre, en élevant peu à peu la température, à l'action d'un feu énergique, et laisser refroidir lentement le tout : on obtiendra le même résultat.

PIERRES DOUBLÉES

Le doublage des pierres précieuses, bien que variant de mille manières, se réduit toujours à l'ensemble des opérations suivantes : tailler un morceau de strass en lui donnant la forme générale de la pierre qu'on veut imiter; enlever à la partie supérieure une certaine épaisseur, et remplacer la partie enlevée par une pierre dure, de manière à compléter exactement la pierre de strass, enfin enchâsser le tout dans une monture disposée de telle façon que la ligne de jonction des deux pierres soit complètement dissimulée.

Les pierres fausses doublées se divisent en deux catégories. Dans les deux cas, les portions inférieures et moyennes sont du strass; mais, dans les unes, la portion supérieure est une plaque de la véritable pierre précieuse qu'on veut imiter, tandis que, dans le second, la partie supérieure est une simple pierre dure, du quartz en général, absolument sans valeur.

On croit que ce procédé est d'invention toute moderne, et on trouve même, à la date du 16 juin 1821, un brevet accordé à un homme du métier, un bijoutier de Paris appelé Bourguignon, pour imiter le diamant en superposant une plaque de pierre dure à une pierre de strass, et en taillant le tout, soit en brillant, soit en rose, de telle façon, bien entendu, que la pierre dure forme la partie supérieure.

Ce procédé remonte au quinzième siècle : on en trouve dans Cardan la description complète; il nous a même conservé le nom de l'inventeur.

« Il est, dit-il, une fraude très méchante, très difficile à apercevoir, c'est celle qui a été employée par Zocolino... Ce vénérable personnage prenait une plaque de véritable pierre précieuse, d'escarboucle, d'émeraude, etc., quand il voulait imiter l'escarboucle, l'émeraude, etc., en ayant soin de choisir les plaques minces et de petite couleur, qui sont toujours d'un prix minime; il mettait au-dessous une plaque de cristal suffisamment épaisse, et réunissait les deux parties à l'aide d'une glu transparente dans laquelle il incorporait une couleur en harmonie avec la pierre qu'il voulait imiter, rouge splendide pour l'escarboucle, verte pour l'émeraude, etc. Il dissimulait la ligne de jonction des deux morceaux à l'aide de la monture, et, pour faire disparaître toute cause de suspicion, il fermait ces pierres dans l'or, ce qu'il n'était permis de faire que pour les véritables pierres précieuses.

« De cette façon, ce magnifique ouvrier trompait tout le monde, même les lapidaires.

« La fraude cependant vint à être découverte, et Zocolino prit la fuite.

« Il paraît que ce personnage avait pour la fraude une disposition toute particulière, car il se livra plus tard à la fabrication de la fausse monnaie, et il finit par se faire condamner à mort. »

Cardan cite encore une autre fraude pratiquée de son temps et qui déjà devait être très ancienne, car il la qualifie lui-même de vulgaire. Elle consistait à interposer entre deux plaques de cristal une glu transparente colorée de diverses manières, suivant les pierres qu'il s'agissait d'imiter.

Quand on examine les objets enrichis de pierres précieuses exécutés au moyen âge, on constate que le procédé que Cardan vient de nous faire connaître était, à cette époque, très fréquemment employé.

PIERRES PRÉCIEUSES FAUSSES ARTIFICIELLES

La base de toutes les pierres précieuses fausses de cette classe est le verre.

Un alcali fixe (soude ou potasse) et de la silice chauffés au rouge se combinent et produisent du verre. De l'alumine, de la chaux, de la magnésie, etc., peuvent entrer en combinaison avec la silice; le produit obtenu est encore le même, et, dans les deux cas, on a du verre incolore, celui qu'on appelle ordinairement *verre blanc*. Mais, si aux substances précédentes on ajoute, en quantité même très faible, des oxydes métalliques, ou des métaux divisés, on obtiendra des verres colorés.

L'analyse chimique montre que les substances minérales toujours renfermées dans les végétaux sont des alcalis et de la silice d'abord, et ensuite de la chaux, de la magnésie, de l'alumine et du fer, c'est-à-dire *les éléments du verre*. Si donc le feu vient à consumer une certaine quantité de bois réunie en un seul point, des vitrifications se retrouveront dans les résidus de l'incendie. Il y a plus, quand on soumet à un feu un peu violent des pierres siliceuses, les *bases* contenues dans la pierre et dans les cendres se combinent avec la silice et produisent du verre. C'est ce que tout le monde a pu constater en examinant les parois intérieures d'un four à chaux ou d'un four à briques. Il est donc évident que la découverte du verre remonte aux premiers temps de l'humanité.

Si l'on remarque, en outre, que les verres ainsi obtenus sont toujours des verres colorés, qu'on se rappelle le goût prononcé des peuplades primitives pour les objets brillants, il deviendra évident que ces substances vitreuses produites par les incendies, et surtout par l'action du feu sur les pierres siliceuses, ont dû exciter, de la manière la plus vive, l'attention de l'homme, dès les premiers âges de notre espèce.

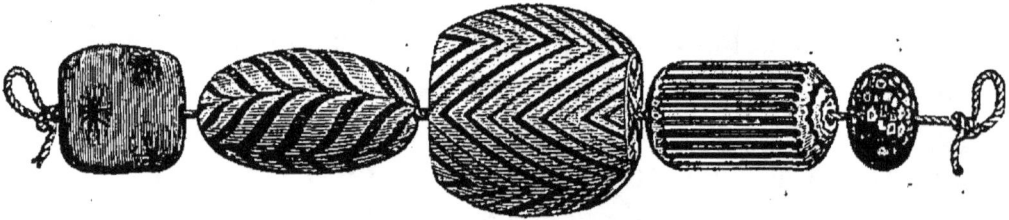

Fig. 96. — Bracelet égyptien en pâte céramique, moulé, avec ornements en couleurs.

Si nous eussions écrit ce livre il y a douze ou quinze ans, nous n'eussions pas osé être sur ce point aussi affirmatif, et, bien que l'induction précédente nous paraisse par elle-même à l'abri de toute objection sérieuse, nous aurions au moins hésité à considérer comme non avenue cette masse de travaux entassés par les érudits, depuis des siècles, sur l'origine du verre.

Aujourd'hui, le doute n'est plus permis.

Grâce surtout aux recherches d'un homme auquel l'histoire réservera sans doute une place exceptionnelle dans ses annales, grâce à M. Boucher de Perthes, l'humanité a vu, presque tout à coup, son origine reculer par delà tous les âges historiques, par delà toutes les traditions ! Une période nouvelle pendant laquelle l'homme a vécu sur la terre et dont on n'avait pas, jusqu'à notre époque, soupçonné l'existence, nous est maintenant révélée de la manière la plus incontestable. Parmi les débris de l'industrie humaine remontant à ces époques reculées, on trouve des objets en verre coloré. Il faut bien remarquer, du reste, que le verre coloré est beaucoup plus facile à obtenir que le verre incolore. Ce dernier même n'a pu être produit facilement que dans les temps tout à fait modernes, quand la chimie a été assez avancée pour fournir des matières premières d'une pureté suffisante.

Sans sortir des temps historiques, mais en remontant dans ses plus anciens âges, on voit que les Égyptiens avaient poussé très loin l'art de la fabrication des verres et, en particulier des verres colorés.

Nous donnons ici le dessin d'un vase égyptien en verre bleu avec ornements blancs et jaunes. Pour la pureté et la finesse de sa pâte, la forme, l'élégance des ornements et l'harmonie des couleurs, ce vase n'a rien absolument à envier à ce qu'on fait aujourd'hui de mieux réussi dans cet ordre. Et il y a quarante siècles au moins que ce petit vase est sorti des mains du verrier égyptien !

Fig. 97. — Vase égyptien en verre bleu, avec ornements blancs et jaunes.

Nous reproduisons dans les figures 96, 98, 99, 100 et 101 plusieurs objets égyptiens en pâte céramique.

Au point de vue de l'art, ces objets en pâte céramique n'ont aucune valeur, mais, ce qu'il importe de remarquer, c'est la finesse des détails. Comme ces petits objets ont été certainement obtenus par moulage, quand la matière était encore pâteuse, on voit immédiatement à quelle perfection devait être porté l'art de fabriquer ces objets à cette époque si ancienne, puisque aujourd'hui il serait peut-être bien difficile de produire, par le procédé du moulage, des objets aussi finement et aussi complètement ouillés que plusieurs de ceux qui sont reproduits ici.

Fig. 98.
Moulage égyptien en pâte céramique.

Fig. 99. — Bague égyptienne avec chaton en pâte céramique moulée.

Remarquons bien encore que ces objets, sans valeur intrinsèque ou artistique, devaient être d'un prix des plus minimes, et qu'on n'avait dû, par suite, apporter aucun soin à leur fabrication.

Au temps de Pline, l'industrie de la fabrication des pierres précieuses fausses était très avancée chez les Romains; il existait même des traités sur la matière.

« C'est une chose très difficile que de distinguer les pierreries fines d'avec les fausses... Il y a même des livres, qu'à la vérité je ne voudrais montrer à personne dans lesquels est expliquée la manière de donner à un cristal la couleur de l'émeraude, ou d'autres pierres transparentes, de faire d'une cornaline une sardoine, et de transformer plusieurs autre pierres en d'autres : et il n'y a point de tromperie d'un plus grand profit que celle-là[1]. »

Parmi les fausses pierres préparées de son temps, Pline cite le rubis; mais l'épreuve de la lime, que le naturaliste romain conseille d'employer pour la reconnaître, montre que ces rubis étaient des verres colorés.

Ce n'est pas seulement à Rome que, dans les temps anciens, on fabriquait des pierres précieuses fausses, c'était aussi et surtout dans l'Inde. « Les Indiens, nous dit encore Pline, savent si bien contrefaire les opales avec le verre, qu'à peine peut on distinguer les fausses d'avec les véritables. »

Les procédés que Pline ne veut pas divulguer se transmettent cependant d'âges en âges, en se perfectionnant sans doute, et nous les retrouvons en grande faveur au douzième et au treizième siècle. Plusieurs alchimistes n'ayant pas les mêmes scrupules que Pline, nous ont laissé les détails des opérations à l'aide desquelles on fabriquait les pierres précieuses fausses.

Parmi eux, il faut mettre en première ligne les deux grandes gloires du moyen âge, Albert le Grand et saint Thomas d'Aquin.

Ce dernier, dans son traité de l'*Essence des minéraux*, s'exprime ainsi sur le sujet qui nous occupe : « Il y a des hommes qui fabriquent des pierres précieuses artificielles. Ils produisent des hyacinthes qui ressemblent aux hyacinthes de la nature, et des saphirs ressemblant aux vrais saphirs. Ils obtiennent des émeraudes en

---

1. *Hist. nat.*, livre XXXVII.

employant de la poudre d'airain de bonne qualité. Le rubis s'obtient par l'intervention du crocus de fer (oxyde de fer) de bonne qualité. Pour obtenir la topaze, il faut agir ainsi : prendre du bois d'aloèse et le poser sur le vase qui renferme le verre en fusion. On peut, en un mot, colorer le verre de toutes les manières possibles. »

Au commencement de la Renaissance, on continua à fabriquer des pierres précieuses fausses, et, bien que le grand développement pris dans les siècles précédents par l'industrie des vitraux colorés ait dû faire avancer également celle dont nous nous occupons, il est certain qu'il y avait, même à cette époque, beaucoup d'hésitation et de tâtonnement. Un exemple des plus curieux, emprunté à Cardan, servira de preuve à ce que nous venons de dire : c'est la fabrication de la fausse émeraude.

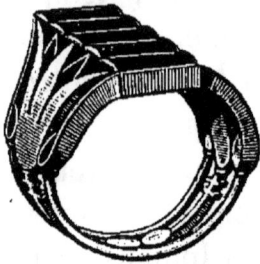

Fig. 100.
Bague égyptienne en or avec incrustations d'émail.

On réduit le cristal (cristal de roche silice pure) en poudre très fine, et on la mélange ensuite intimement avec de la *matricuite*[1] et au vert de gris très brillant ou de la vermiculaire[2]. On prend ensuite une brique non cuite dans laquelle on pratique une cavité que l'on remplit avec le mélange précédent. Après avoir fait sur la brique un signe quelconque qui permette de la reconnaître, on la place dans le four avec les autres. Quand elles sont cuites, on trouve dans la brique préparée une substance semblable à l'émeraude; on la coupe, on la polit, et on obtient une substance si belle que, si ceux

1. La matricuite des alchimistes était un verre formé de potasse, de silice, d'alumine et d'oxyde de plomb.
2. La vermiculaire des alchimistes était ce qu'on appellerait aujourd'hui de l'acétate de cuivre ammoniacal.

qui l'ont inventée (ce qui a lieu depuis moins de dix
ans). ne s'étaient pas mis, pour s'enrichir plus vite, à
fabriquer de grandes pièces, et n'eussent ainsi éveillé le
soupçon, la fraude n'aurait pas été découverte, et ils
continueraient à tirer de cette industrie un gain considérable. J'ai vu des morceaux si beaux que, taillées et
enchâssées dans l'or, ces pierres fausses l'emportaient
en splendeur sur les naturelles. »

Toutefois, malgré son admiration, Cardan n'hésite pas
à ne voir que du verre dans ces belles productions.

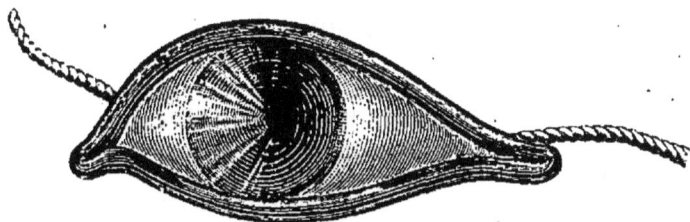

Fig. 101. — Moulage égyptien en pâte céramique.

Si, franchissant un siècle, on interroge les écrits de
Kircher, on reconnaît que, dans cet intervalle, les choses
ont bien marché. A la brique de Cardan on a substitué
des creusets excellents; des fourneaux spéciaux parfaitement appropriés à leur destination ont remplacé le four
à briques. Mais, ce qu'il importe surtout de remarquer,
c'est que, au temps de Kircher, c'est-à-dire vers le milieu
du dix-septième siècle, on ne fabriquait plus les pierres
précieuses fausses à l'aide de procédés variant avec chacune d'elles, comme dans les âges antérieurs. La méthode
générale était trouvée : elle peut, d'après les écrits de
Kircher, être formulée de la façon suivante :

Produire, à l'aide de la potasse, de l'oxyde de plomb
et de la silice, une masse générale incolore et limpide
qui, à cet état, pourra imiter le diamant; colorer cette
masse de diverses manières, en fondant avec elle diffé-

rentes substances fixes, en général, des chaux (oxydes) métalliques, et imiter ainsi toutes les pierres précieuses connues.

Parmi les différentes espèces de verres, il en est une d'une composition spéciale, d'un pouvoir réfringent considérable qui, aujourd'hui sert exclusivement de base aux pierres précieuses fausses : c'est le strass. Il se distingue immédiatement du verre ordinaire par la présence d'environ cinquante pour cent d'oxyde de plomb au nombre de ses éléments.

Le nom de *strass* est celui d'un ouvrier qui, à la fin du siècle dernier, appela l'attention sur ce verre et qui passe pour l'avoir inventé.

Ce produit était cependant parfaitement connu du moyen âge, pour ne pas remonter plus haut, et son rôle était exactement le même qu'aujourd'hui ; il servait à la décoration et à la fabrication des pierres précieuses fausses.

Pour établir la vérité de ce fait, nous allons emprunter au P. Kircher, en le traduisant et l'abrégeant, ce qui est relatif à la fabrication de ce verre, telle qu'elle s'effectuait de son temps, c'est-à-dire vers le milieu du dix-septième siècle.

Il existait au moyen âge, et probablement chez les anciens, une substance appelée d'abord *amasa*, puis *encausta* et enfin *smalta*[1]. Ce sont là des expressions génériques désignant des substances formées de verre et d'un oxyde métallique; mais, en outre, cette base employée (*vitrines*) était un véritable strass, c'est-à-dire un verre renfermant une grande quantité d'oxyde de plomb.

Kircher commence par établir que les substances (potasse, silice, etc.) qui entrent dans la composition du

---

1. Notre expression moderne *émail* vient sans doute de *smalta*, qui du reste désignait la même substance.

smaltum doivent être choisies parmi les plus pures. Il les soumet ensuite à un ensemble de dissolutions, de filtrations, d'évaporations, etc., qui ont pour résultat de les rendre plus pures encore, et il mêle ces premières substances ainsi purifiées *avec du minium* (oxyde de plomb). Ce mélange est introduit dans un creuset fait avec de la terre blanche et grasse (terre alumineuse) et des os de boucs pulvérisés (et probablement calcinés à l'avance) qu'aucun feu, si violent qu'il soit, ne peut ni fondre ni attaquer. Le tout est soumis pendant dix jours à l'action d'un feu suffisant pour déterminer la fusion complète du mélange. Le premier et le deuxième jour, la masse est jaune; le troisième et le quatrième, elle verdit; le cinquième et le sixième, elle blanchit et prend la couleur de l'air. La masse devient alors cristallisée. (Il se produit probablement une véritable dévitrification). C'est avec cette substance, dit Kircher, que l'on fait les pierres précieuses fausses. Pour achever sa transformation et la rendre tout à fait propre à cet usage, il est nécessaire de la mêler avec de la chaux de plomb (oxyde de plomb), et de fondre le tout. Pour cela, on réduit en poudre la matière cristalline et la chaux de plomb, on en fait une pâte (probablement avec de l'eau), on la soumet à un feu suffisant pour lui faire perdre son humeur inutile (l'eau ajoutée sans doute). On élève ensuite la température jusqu'à ce que la masse commence à se fondre; on la retire alors et on la laisse refroidir; on met enfin le tout dans un creuset de terre réfractaire, et on chauffe jusqu'à fusion complète de la masse : on maintient la fusion pendant vingt-quatre heures, en enlevant l'écume qui peut se produire. On a alors une masse parfaitement limpide et incolore. « On aura alors le smalte blanc, dit Kircher (*hoc erit tibi smaltum album*), » On aura alors le strass, dirons-nous à notre tour.

Ce passage suffit pour montrer avec évidence qu'on savait parfaitement fabriquer au dix-septième siècle, et certainement longtemps avant, le verre à base de plomb.

Il faut bien remarquer, en effet, que Kircher parle de la fabrication de ce verre comme d'une chose usuelle, et dont la découverte lui était certainement inconnue.

Telle était la manière de fabriquer le strass au dix-septième siècle; voyons ce qu'elle est aujourd'hui.

D'après M. Dumas, le strass employé de nos jours a la composition suivante :

Silice	38,2
Oxyde de plomb.	53,0
Potasse.	7,8
Alumine, borax, acide arsénieux. . .	traces.

Nous voyons figurer dans le strass moderne les mêmes substances que dans celui du moyen âge; il est même infiniment probable que les proportions ne doivent pas différer beaucoup. Seulement, la chimie actuelle fournit aux fabricants de nos jours des produits d'une pureté parfaite, tandis que les alchimistes du moyen âge n'approchaient de ce résultat qu'à l'aide d'un ensemble de moyens presque toujours prodigieusement compliqués. Ils avaient même parfaitement reconnu tous les détails de la fabrication : c'est ainsi, par exemple, qu'ils avaient établi ce point, vérifié par les opérations modernes, qu'un strass sera d'autant plus beau que sa fusion sera plus prolongée.

Quand on a obtenu le strass bien pur, on s'en sert pour imiter toutes les pierres précieuses. On fond ce strass après l'avoir mêlé intimement avec des substances à bases métalliques, généralement des oxydes qui, par leur combinaison avec les éléments du strass, lui communiquent les couleurs les plus diverses.

Il nous suffira donc maintenant de quelques mots pou

indiquer comment on peut arriver à produire les différentes pierres fausses correspondant aux gemmes naturelles aujourd'hui connues.

Diamant. — Le diamant étant incolore, on emploie,
pour l'imiter, le strass pur taillé en brillant ou en rose.

Rubis. — 1000 parties de strass, 40 de verre d'anti-
moine, 1 de pourpre de Cassius et un excédent d'or.

Saphir. — 1000 parties de strass et 25 d'oxyde de
cobalt.

Topaze. — Même formule que pour le rubis, moins
l'excédent d'or et chauffé moins longtemps.

Émeraude. — 1000 parties de strass, 8 d'oxyde de
cuivre et 0,2 d'oxyde de chrome.

Améthyste. — 1000 parties de strass, 25 d'oxyde de
cobalt et un peu d'oxyde de manganèse.

Grenat. — 1000 parties de strass et une quantité
variable de pourpre de Cassius, suivant la nuance qu'on
veut obtenir.

Aventurine. — Pendant des siècles, Venise eut le
monopole de la fabrication de l'aventurine et, aujour-
d'hui encore, c'est un artiste vénitien, M. P. Bibaglia,
qui fournit au commerce les aventurines artificielles les
plus estimées.

L'aventurine est un verre à base de potasse, de soude,
de chaux et de magnésie, coloré en jaune par de l'oxyde
de fer, et tenant en suspension un grand nombre de
paillettes d'oxyde de cuivre.

Il paraît que la grande difficulté, dans la fabrication
de l'aventurine, consiste dans le tour de main qui permet
de distribuer les paillettes d'une manière régulière dans
toute la masse vitreuse.

Il faut que ce tour de main soit bien difficile à trouver,
car il y a à réaliser de grands bénéfices dans la fabrication de l'aventurine. En effet, suivant que ce produit est

plus ou moins bien réussi, il se vend dans le commerce de cinquante à cent cinquante francs le kilogramme, et certainement la valeur des matières premières qui entrent dans sa constitution n'atteint pas deux francs pour chaque kilogramme d'aventurine produite.

Un chimiste français, M. Hautefeuille, a publié, en 1860, un procédé à l'aide duquel il obtient des aventurines pouvant rivaliser avec les plus belles productions de Venise.

Voici, d'après l'inventeur, la manière d'opérer :

« Quand le verre est fondu et bien liquide, on ajoute une quantité plus ou moins considérable (suivant l'effet qu'on veut atteindre) de fer ou de fonte en tournure fine enveloppée dans un papier; on les y incorpore en remuant le verre au moyen d'une tige de fer rougie. Le verre devient rouge de sang, opaque, et en même temps pâteux et brillant; on arrête le tirage du fourneau, on ferme le cendrier, on couvre de cendre le creuset recouvert de son couvercle, et on laisse refroidir très lentement. Le lendemain, en cassant le creuset, on trouve l'aventurine formée. »

Plus récemment encore (1865), M. Pelouze a fait connaître une nouvelle aventurine, qu'il a obtenue en fondant ensemble 250 parties de sable, 100 parties de carbonate de soude, 50 parties de carbonate de chaux et 40 parties de bichromate de potasse. A la lecture de cette formule, on voit immédiatement que, dans l'aventurine de M Pelouze, les paillettes à base de cuivre sont remplacées par des paillettes à base de chrome. c'est donc une aventurine complètement inconnue jusqu'ici. Cette production, d'un éclat magnifique, d'une dureté plus grande que celle du verre et de l'aventurine ordinaire, est certainement appelée à prendre dans l'ornementation un rang très important.

PERLES FAUSSES

Les perles fausses sont de petites boules de verre recouvertes intérieurement d'un enduit imitant l'*orient* des perles naturelles.

La fabrication d'une perle fausse comprend donc deux séries d'opérations complètement distinctes : la production de la boule et son revêtement intérieur.

Les boules sont produites par le souffleur de verre à l'aide de la lampe d'émailleur, en soudant l'extrémité d'un tube de diamètre convenable et soufflant dans ce tube quand la matière est encore suffisamment pâteuse. On obtient ainsi de petites sphères en général très régulières qui, à cet état, servent à confectionner les fausses perles communes. Pour obtenir les perles fines les plus soignées, celles dites en *grand beau*, on emploie des tubes un peu opalisés ; en outre, le souffleur ne se contente pas d'apporter tout le soin possible à leur préparation, il donne sur les petites boules, quand elles sont encore malléables, de légers coups à l'aide d'une petite lame en fer, et détermine ainsi à la surface quelques légères inégalités. On obtient de cette façon des formes se rapprochant complètement de la nature, qui ne fournit jamais une perle absolument régulière. Un bon souffleur produit chaque jour 300 perles qui lui sont payées 2 fr. 25 à 3 francs le cent.

Quand on songe au goût effréné qu'avaient les Romains pour les perles, à partir du triomphe de Pompée, il devient très probable qu'on fabriqua des perles fausses à l'usage de ceux qui n'étaient pas assez riches pour en acheter de véritables. Cependant on ne trouve dans les auteurs latins de l'époque ni même dans ceux des siècles suivants, rien qui prouve absolument l'existence de cette

industrie; il faut même arriver jusqu'au commencement
du seizième siècle pour voir se développer la célèbre
fabrication de perles artificielles de Venise.

Dans les premiers temps, les boules de verre rece-
vaient à leur intérieur différentes préparations : celle
qui réussissait le mieux était à base de mercure. Mais,
vers 1680, un patenôtrier, nommé Jacquin, trouva le
moyen de remplacer le mercure, si dangereux, par une
substance inoffensive ayant en outre l'immense avantage
de produire une coloration infiniment plus parfaite.

Cette substance, appelée essence d'Orient, est fournie
par les écailles de l'ablette, petit poisson blanc qui se
montre dans la plupart des rivières, et particulièrement
dans la Seine, la Marne et le Loiret.

Pour obtenir l'essence d'Orient, on lave les ablettes
assez fortement dans un grand vase contenant de l'eau
pure. On passe la masse à travers un linge, et on laisse
reposer le tout. Au bout de quelques jours, on décante
l'eau et on obtient pour résidu l'essence d'Orient. Il faut
de 17 à 18 000 ablettes pour obtenir 500 grammes de
cette substance.

Comme ce produit éminemment animal se décompo-
serait très vite, s'il était abandonné à lui-même, on le
mêle avec certaines substances dont les fabricants font
en général un grand secret, mais qui, toutes, ont pour
but d'empêcher cette décomposition. Celle qu'employa
l'inventeur, et celle qui passe comme la plus en usage
aujourd'hui, est l'ammoniaque liquide ou alcali volatil.

Pour colorer la perle, on commence par la revêtir
intérieurement d'une légère couche de colle parfaitement
limpide et incolore extraite du parchemin, et, avant que
cette colle soit entièrement sèche, on introduit dans la
petite boule, à l'aide d'un chalumeau effilé, une suffisante quantité d'essence d'Orient; on la laisse sécher,

on remplit la perle de cire, et enfin on la perce si elle est destinée à être montée en collier[1].

CORAIL FAUX

Il existe aujourd'hui une multitude d'objets fabriqués à l'aide d'une composition ayant la prétention de rappeler le corail; mais cette imitation n'est nullement réussie. On l'obtient en faisant une pâte avec de la poudre de marbre et de la colle de poisson. La coloration est donnée par un mélange de vermillon et de minium incorporés dans la masse.

COLORATION ARTIFICIELLE DES PIERRES DURES EMPLOYÉES A LA GRAVURE

On sait, comme nous l'avons vu dans le chapitre V, qu'on recherche surtout pour la gravure les pierres dures offrant des teintes différentes, et souvent même des colorations très tranchées. Mais, comme ces pierres à plusieurs couleurs sont d'un prix bien plus élevé que les pierres de même nature à une seule couleur, on a demandé à la chimie de colorer artificiellement ces dernières. Ici, comme dans une foule de cas, le problème a été résolu; il l'a même été d'une façon si complète, que la plus grande partie des pierres dures actuellement gravées pour le commerce sont colorées artificiellement.

Pour obtenir ce résultat, on met la pierre qu'il s'agit de colorer à tremper dans l'huile. Malgré la finesse de la pâte et l'imperméabilité apparente de la pierre, l'huile la pénètre assez facilement, et quand, au bout de quelques heures, on la retire, elle conserve, après avoir été

---

1. Consulter à ce sujet le livre si intéressant de M. Sauzay : *la Verrerie*, dans la collection de la *Bibliothèque des merveilles*.

parfaitement essuyée, une certaine quantité du liquide
oléagineux engagé dans ses pores. On la met alors dans
une capsule, et on verse dessus de l'acide sulfurique
jusqu'à ce que la pierre en soit complètement recouverte.
On chauffe l'acide jusqu'à l'ébullition, et on la maintient
pendant tout le temps qu'il se dégage de l'acide sulfureux. On retire la pierre, on la lave dans l'eau, et on voit
qu'elle est devenue noire. — Si la pierre était de texture
bien homogène, la couche noire serait uniforme dans
toutes ses parties; mais si, ce qui a lieu, le plus souvent,
sa constitution n'est pas bien régulière, les parties plus
poreuses absorbant une quantité plus considérable
d'huile, on obtiendra des effets de coloration très variés,
qui fourniront à l'artiste des oppositions de teintes dont
il pourra tirer le plus grand parti.

Ce qui se passe dans l'opération précédente s'explique
avec la plus grande facilité. L'huile et toutes les substances organiques renferment du charbon au nombre
de leurs éléments ; l'huile, en particulier, est un composé formé de trois corps simples : charbon, hydrogène
et oxygène. Si l'on enlève l'hydrogène et l'oxygène, il
restera du charbon. C'est précisément ce que fait l'acide
sulfurique. Pénétrant à la suite de l'huile dans les pores
de la pierre, il détermine l'union et l'élimination de
l'hydrogène et de l'oxygène, et laisse, dans chaque point,
du charbon à un état de division et de diffusion exces-
sives. Ce sont ces particules infinies de charbon qui, par
leur réunion, donnent à la pierre sa coloration définitive.

Au point de vue de la coloration en elle-même, le procédé que nous venons de décrire fournit d'excellents
résultats. Mais les pierres ainsi préparées doivent-elles
être mises sur le même rang que les pierres naturellement colorées ? Nous ne le pensons pas, malgré l'opinion
généralement admise.

Sans doute, dans les conditions ordinaires, la fixité du charbon est absolue; mais il ne faut pas oublier que, dans les pierres dont nous avons parlé, il est à un état de division extrême. De plus, la pierre, déjà assez poreuse pour donner passage à l'huile, l'est devenue plus encore sous l'influence de l'acide sulfurique; et, en se rappelant combien la porosité favorise la combinaison des corps, on ne voit rien d'impossible à ce que, avec le temps, le charbon subisse une combustion lente et ne disparaisse plus ou moins complètement, ce qui entraînerait nécessairement la décoloration de la pierre.

A un autre point de vue, il est impossible que l'action d'un agent aussi corrosif que l'acide sulfurique soit nulle sur les pierres. La silice, il est vrai, n'est pas attaquée par ce liquide, mais elle est singulièrement modifiée, et ensuite les pierres dures naturelles de la classe des agates ne sont pas absolument formées de silice : elles renferment de petites quantités de diverses substances sur lesquelles l'acide sulfurique a la plus grande action.

Il nous paraît donc évident que si les pierres artificiellement colorées par les méthodes précédentes peuvent être utilisées avec succès pour des œuvres de valeur secondaire, elles ne doivent jamais être employées par les véritables artistes.

X

Les pierres précieuses, comme nous l'avons établi dans notre premier chapitre, se rencontrent tantôt à l'état amorphe et tantôt à l'état cristallisé; mais, dans ce dernier cas même, les cristaux sont presque toujours ou masqués ou très imparfaits.

La beauté des pierres précieuses, celle du diamant en particulier, dépend beaucoup de ce qu'on appelle *le jeu de la lumière*. Les pierres précieuses aujourd'hui connues étant de nature et de constitution moléculaire très variées, les rayons lumineux, en les frappant, éprouvent à leur tour des modifications très différentes. On comprend dès lors que, pour chaque espèce de pierre, il existe une forme permettant, mieux que toutes les autres, d'atteindre le but proposé. La série des opérations à l'aide desquelles ce résultat est obtenu constitue la *taille des pierres précieuses*. Celle du diamant étant de beaucoup la plus importante, nous commencerons par elle.

TAILLE DU DIAMANT

La plupart des auteurs qui ont traité de ces matières attribuent généralement la découverte de la taille du

Fig. 102. — Vue de la maison Coster, à Amsterdam.

diamant à Louis de Berquem, qui l'aurait faite à Bruges, en 1465.

Qu'il ait régularisé la taille du diamant en disposant les facettes, non plus au hasard, mais d'une façon parfaitement raisonnée, la chose paraît certaine. Mais, sans parler des diamants des Indes, qui existaient *taillés* à des époques extrêmement anciennes, il n'est pas besoin de quitter l'Europe pour trouver la preuve que cette partie du monde possédait des diamants taillés avant la naissance de Louis de Berquem.

On connaissait, bien avant le seizième siècle, dans les trésors des églises, des diamants épais, taillés avec table et culasse, les bords supérieurs abattus en biseaux. L'inventaire des joyaux de Louis, duc d'Anjou, dressé de 1360 à 1368, signale des diamants taillés. On y voit figurer un diamant plat à six côtés, un diamant en cœur, un diamant à huit côtés, un diamant en forme de losange, un gros diamant pointu à quatre faces, un reliquaire dans lequel est enchâssé un diamant *taillé en écusson*, etc., etc. Il y a plus encore : cent cinquante ans avant les premiers travaux de Louis de Berquem. il existait à Paris, au carrefour de la Corroierie, plusieurs tailleurs de diamants. On a même conservé le nom d'un très habile ouvrier qui fit faire de notables progrès à l'art de la taille du diamant. Il s'appelait Herman, et vivait tout au commencement du quinzième siècle. Les chroniques nous apprennent que, dans un splendide repas donné au Louvre, par le duc de Bourgogne, au roi et à la cour de France, en 1403, le duc offrit à ses nobles invités onze diamants qui furent estimés 786 écus d'or, monnaie de l'époque. Il n'est pas présumable que ces diamants fussent des diamants bruts, bien qu'il ne soit pas fait une mention explicite de leur taille.

Il serait possible de réunir bien d'autres documents

du même ordre, mais ce qui précède est plus que suffisant pour établir, contrairement à l'opinion générale,
que Louis de Berquem n'a nullement inventé les procédés matériels de la taille du diamant.

Le grand centre où s'effectua d'abord la taille du diamant fut naturellement la ville de Bruges. Mais des
élèves de Louis de Berquem passèrent à Amsterdam, à
Anvers et à Paris, où ils créèrent des ateliers de diamantaires. Ceux de Paris ne réussirent pas d'abord;
mais, plus tard, sous l'impulsion de Mazarin, ils prirent une véritable importance. Les diamantaires de Paris taillèrent entre autres, et à plusieurs reprises, les
douze plus gros diamants que possédât alors la couronne
de France; on les appela les douze *mazarins*. Ils ont été
dispersés depuis longtemps. C'est regrettable, car ils
auraient aujourd'hui un véritable intérêt scientifique,
comme spécimen de taille remontant à cette époque déjà
réculée.

La mort de Mazarin fit décliner cette belle industrie,
et la révocation de l'édit de Nantes lui porta le coup
mortel. Depuis lors, elle ne s'est plus relevée en France
comme industrie nationale.

Aujourd'hui, la taille du diamant est surtout concentrée à Amsterdam, dans la maison Coster.

On rencontre quelquefois, dans la nature, des diamants en cristaux bien définis. Ce sont évidemment eux
qui ont tout d'abord attiré l'attention et qui furent,
pendant longtemps, les seuls dignes d'intérêt; on les
appelle *pointes natives*.

Le système cristallin auquel se rapporte le diamant
est le système cubique (fig. 103); mais la forme primitive est extrêmement rare, à peine en trouve-t-on un ou
deux sur mille diamants.

L'octaèdre régulier est un peu moins rare (fig. 104).

Le dodécaèdre, soit régulier (fig. 105), soit à arêtes curvilignes (fig. 106), est assez fréquent; mais l'étude de nombreux lots fournis par M. Halphen à M. Dufrénoy a montré au savant minéralogiste que les plus répandus dans la nature sont des octaèdres portant un pointement à six facettes sur chacune de leurs faces.

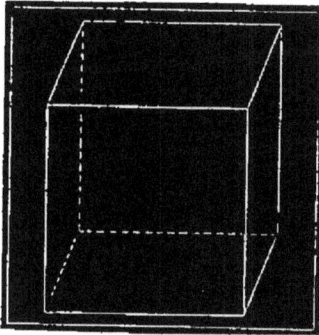

Fig. 103. — Système cubique.   Fig. 104. — Octaèdre régulier.

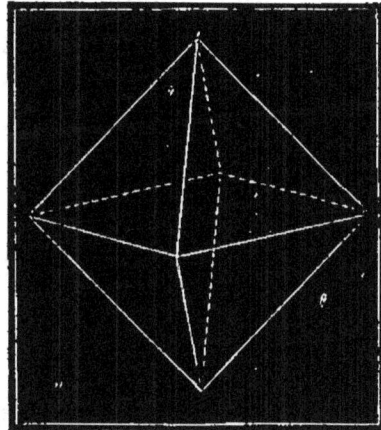

Il n'est pas douteux que les premiers diamants auxquels on a attaché de la valeur étaient des cristaux na-

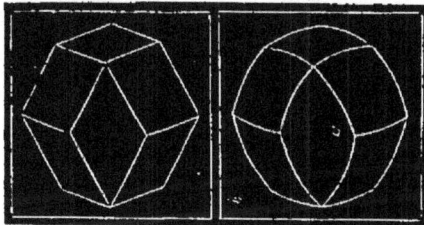

Fig. 105.   Fig. 106.
Formes assez communes du diamant.

turels, c'est-à-dire des octaèdres ou des formes dérivées. Quand la taille du diamant fut connue aux Indes, on dut nécessairement opérer sur des diamants de cet ordre. D'abord, ils étaient plus répandus que les diamants à cristaux non apparents, et ensuite, le travail de la taille était singulièrement réduit à cause de l'existence

des faces naturelles. Les ouvriers durent, en outre, tailler
ces cristaux de manière à s'imposer le moins de travail
possible. Or, si on examine les figures des anciens diamants des Indes données par Tavernier et Bernier, il devient parfaitement évident que les choses se sont passées
telles que nous venons de l'indiquer. En effet, la taille
primitive de l'Inde se réduit à ceci : prendre un octaèdre,
user l'une des pointes de manière à produire un plan
qui reste toujours perpendiculaire à l'axe, user de la
même façon la pointe opposée, de manière à déterminer
la formation d'une deuxième face parallèle à la première,
mais beaucoup plus petite, et tailler enfin quatre biseaux
autour de la face principale.

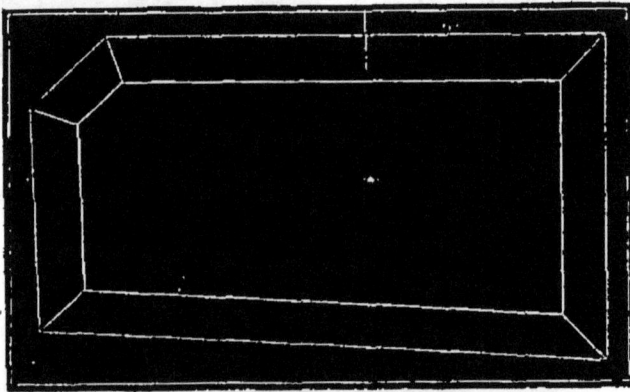

Fig. 107. — Diamant plat du trésor du Grand Mogol.

Quand le clivage fut connu, qu'il fut possible, par ce
procédé, d'obtenir facilement des lames de diamant
assez étendues, les Orientaux s'éprirent de ces pierres
très plates dont les quatre arêtes supérieures sont seulement abattues en biseau, absolument comme les bords
des anciennes glaces de Venise. Aujourd'hui même, cette
prédilection n'a pas disparu, et ces sortes de pierres sont
encore celles qui sont les plus estimées par les habitants
de l'Inde et de l'Arabie.

Nous reproduisons ici, d'après Tavernier, la figure d'un grand diamant de cette espèce qui se trouvait dans le trésor du Grand Mogol.

Il existe deux tailles principales pour le diamant, et chacune d'elles est subordonnée, avant tout, à l'épaisseur de la pierre. C'est la taille en *brillant* et la taille en *rose*. A chacun de ces deux types se rattache, en outre, un certain nombre de formes dérivées et plus simples.

Le point de départ, pour le diamant moderne comme pour l'ancienne forme indienne, est l'octaèdre simple, seulement la taille est soumise à des règles fixes.

Dans l'octaèdre suivant (fig. 108), supposons la ligne AB, qui joint deux sommets opposés, divisée en six parties égales, et faisons passer sur la deuxième division, à partir du sommet supérieur, et par la première division, à partir du sommet inférieur, deux plans sécants perpendiculaires à la ligne AB, on détachera aux deux extrémités deux petites pyramides, et il restera un solide représenté par la figure 109 :

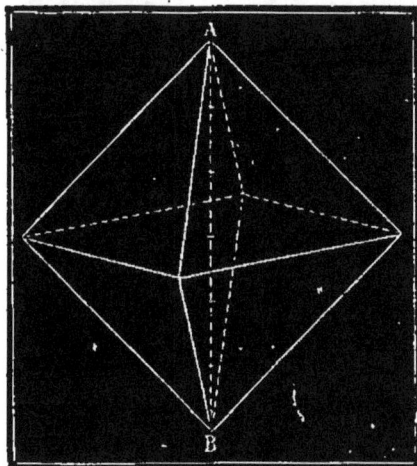

Fig. 108.
Diamant-octaédrique naturel.

La partie supérieure la plus étendue s'appelle la table, la partie inférieure porte le nom de culasse. On abat ensuite les quatre arêtes supérieures et les quatre arêtes inférieures aboutissant aux deux faces, et cela de telle façon que la table et la culasse deviennent des octogones réguliers. On a alors le solide présenté par la figure 110.

On divise enfin les huit pans coupés qui limitent la.

table chacun en quatre facettes : l'ensemble constitue la couronne. On divise de la même manière les pans coupés de la culasse, et on obtient le pavillon.

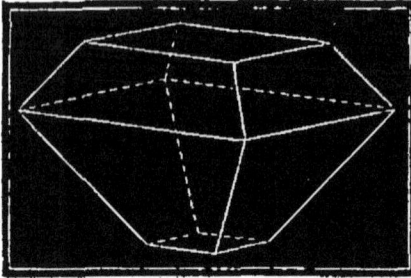

Fig. 109.

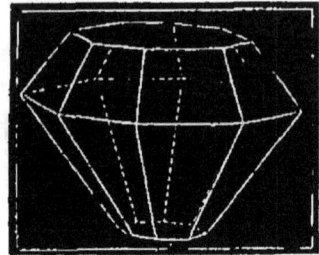

Fig. 110.

La pierre porte alors soixante-quatre facettes, plus les deux grands plans parallèles, la table et la culasse. Elle porte le nom de brillant double taille ou brillant recoupé; c'est la taille la plus parfaite, celle qui fait le mieux ressortir toutes les beautés du diamant. C'est toujours elle que l'on emploie, surtout aujourd'hui pour les pierres pures et suffisamment épaisses. On obtiendra

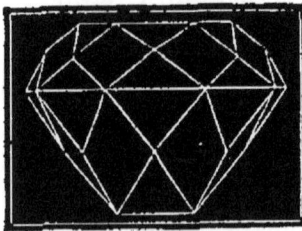

Fig. 111.

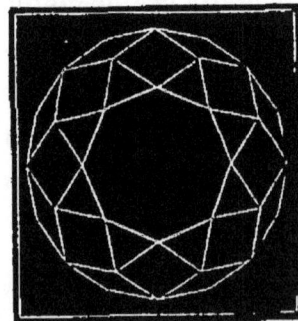

Fig. 112.

ainsi une pierre que les deux figures 111 et 112 représentent en hauteur et en surface.

On appelle brillant simple taille ou non recoupé un diamant dont la forme générale est la même que celle du diamant double taille, seulement il n'a que huit facettes en dessus et huit en dessous; quelquefois même il n'en a que quatre, outre la table et la culasse.

Il existe une autre taille dépendant de la précédente, employée pour les pierres assez peu épaisses par rapport à leur surface : c'est le demi-brillant. Le nom est parfaitement justifié; le demi-brillant est en effet la partie supérieure d'un brillant double

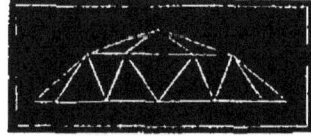

Fig. 113. — Demi-brillant.

taille qui aurait été scié en deux suivant le plan de jonction de la couronne et du pavillon. Il est donc complètement plat par-dessous (fig. 113).

TAILLE EN ROSE

Dans la taille en rose, le diamant est plat par-dessous; la partie supérieure convexe est recouverte d'un nombre variable de facettes disposées systématiquement autour d'une première dont le sommet occupe le centre de la rose. Si la pierre porte vingt-quatre facettes, c'est une rose de Hollande (fig. 114); si elle n'en a que dix-huit ou vingt, c'est une demi-hollande; si le nombre des facettes descend à douze ou à huit et même à six, c'est une rose d'Anvers.

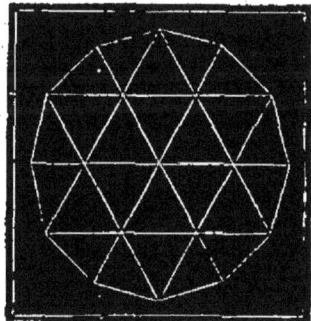

Fig. 114. — Rose de Hollande vue par-dessus.

On rencontre parfois à l'état brut des diamants en forme de poire, que l'on recouvre de petites facettes en leur conservant leur forme générale. On donne à ces pierres le nom de briollettes. Elles viennent exclusivement des Indes et sont, en général, percées d'un très petit trou à la partie supérieure. Personne aujourd'hui, en Europe, ne pourrait faire ce trou.

On connaît encore, dans le commerce des diamants, les pierres taillées en pendeloques. Elles ont la forme d'une demi-poire avec table et culasse, et sont couvertes de facettes du côté de la culasse. Elles sont très recherchées et, à poids égal, leur prix est plus élevé que celui des brillants.

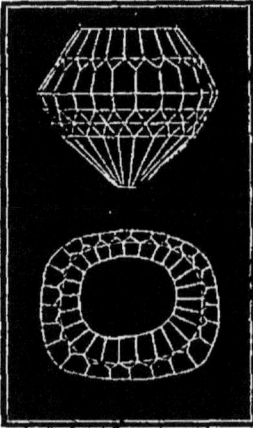

La figure ci-contre représente une de ces pendeloques, que Tavernier avait vue dans l'Inde, et que son possesseur n'avait pas voulu céder pour 60 000 francs.

Outre les deux formes générales que nous venons de reconnaître pour la taille des diamants, il en existe une troisième toute spéciale; c'est

Fig. 115 — Pendeloque de Tavernier.

celle qui a été employée pour le *Sancy*. Cette pierre n'est, en effet, ni un brillant ni une rose. « Tous les diamants auxquels on a donné le nom de Sancy étaient taillés en poires aplaties, presque rondes, ayant la forme dite de *pendeloque*, et facettés en dessus et en dessous, avec une très petite table au-dessus. Évidemment les rayons entrant par les diverses facettes du dessus vont se refléter sur les facettes du dessous et reviennent, en s'irisant, repasser par les diverses facettes du dessus. Plusieurs strass taillés ainsi m'ont donné d'admirables effets; et je crois que c'est d'après ce modèle qu'on aurait dû tailler, sans grande perte de poids, et le diamant royal d'Angleterre, et le beau diamant brut désigné sous le nom d'Étoile du Sud. » (M. Babinet.)

Enfin nous citerons encore une taille peu employée, la *taille à étoile*, inventée par Caire. Elle devait surtout

servir, d'après son auteur, à tirer parti de certaines portions nettes de diamants bruts dont on ne pouvait faire
d'autre usage sans sacrifier une grande quantité de matière. La description suivante et les figures qui l'accompagnent sont empruntées à l'inventeur lui-même.

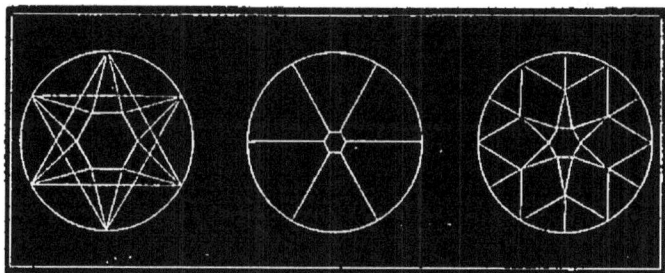

Fig. 116. — Taille en étoile, de Caire.

La taille à étoile présente au centre une table hexa-
gonale dont le diamètre doit être, à très peu près, le
quart de la grandeur de la pierre. Des six côtés de l'hexagone partent autant de faces triangulaires inclinées vers
le bord de la ceinture, et ces triangles, par une largeur
plus grande aux extrémités, forment, des rayons diver-
gents, une sorte d'étoile, au moyen des six faces planes,
espèces de secteurs également recourbés, qui de la ceinture viennent aboutir aux angles de l'hexagone central.

Le dessous de la pierre peut se diviser de deux
manières.

La première, la plus simple, a six pavillons qui vont
aboutir presque au centre commun, où il doit être ménagé
un petit plan que l'on nomme culasse, ayant soin de faire
rencontrer les six arêtes des pavillons au milieu des
secteurs, ce qui modifiera leur grandeur de moitié.

La seconde consiste à former dans le dessous un petit
hexagone des angles duquel partent six rayons dont la
figure étoilée et les autres lignes soient bien en correspondance avec celles de la partie supérieure.

TAILLE[1]

La taille du diamant comprend trois séries d'opérations : le clivage ou fendage, la taille proprement dite, et le polissage. Trois catégories d'ouvriers spéciaux sont affectées à chacune d'elles.

Jusqu'à l'année 1867, ces opérations qui transforment un caillou opaque en une pierre d'un merveilleux éclat étaient à peu près complètement inconnues de l'immense majorité du public. Il n'en est plus de même aujourd'hui. Les milliers de visiteurs qui se sont succédé dans le parc et dans les galeries de l'Exposition universelle ont vu s'effectuer devant leurs yeux les opérations dont il s'agit, et que nous allons décrire.

Une taillerie de diamants, disposant de deux roues, était installée dans la galerie des machines, et la maison Coster avait fait élever dans le parc une belle construction où une machine à vapeur communiquait le mouvement aux roues à polir, comme dans l'usine d'Amsterdam. Cette construction, de forme rectangulaire, était à peu près carrée. Un large corridor régnait sur trois côtés. Deux des côtés du carré étaient bordés de vitrines. Celles du premier renfermaient des échantillons nombreux de diamants bruts, tels qu'ils provenaient des mines, et, à

---

1. Tous les dessins de ce chapitre relatifs à la taille ont été exécutés d'après de magnifiques aquarelles qui nous ont été envoyées d'Amsterdam, et qui ont été faites spécialement pour notre livre. Grâce à l'obligeance de M. le directeur de la maison Coster, nous pouvons donc offrir à nos lecteurs un ensemble de documents complètement nouveaux, et qui tirent de leur origine une valeur de premier ordre. C'est en même temps un véritable plaisir pour nous de signaler le nom du dessinateur, M. Bonnafoux, et celui du graveur, M. Laplante, qui ont reproduit ces magnifiques aquarelles. Quand les artistes arrivent à comprendre et à rendre ainsi la pensée de l'auteur, ce ne sont plus de simples auxiliaires, ce sont de véritables collaborateurs.

Fig. 117. — Vue générale de l'atelier des fendeurs.

côté, les cascarlhos au milieu desquels on les rencontre aux Indes, au Brésil et à Bahia. Les vitrines du deuxième côté montraient des diamants à toutes les périodes de la taille, un certain nombre de grosses pierres, des lots de très petits diamants taillés, enfin deux modèles en cristal du Ko-hi-nor avant et après la taille.

Le troisième côté était occupé par les appareils et par les ouvriers.

Rien n'était plus curieux que d'entendre les questions et les réflexions qui se faisaient dans le pavillon de M. Coster. Il était facile de voir qu'une foule de visiteurs, après avoir regardé quelque temps les ouvriers, sortaient sans s'être rendu le moindre compte de leur travail. Il faut bien remarquer, du reste, que les moyens et les appareils mis en usage pour la taille du diamant ne sont, par leur extérieur, nullement en rapport avec la valeur tout à fait hors ligne de la matière mise en œuvre. Une roue d'acier doux si bien ajustée et tournant si rapidement qu'elle semble parfaitement immobile, quelques morceaux de bois, un fourneau, un bec de gaz ou une lampe à alcool, un alliage métallique facilement fusible, des boîtes de moyenne grandeur généralement divisées en deux compartiments, voilà à peu près tout ce qui apparaissait de saillant dans la partie du pavillon consacrée au travail de la taille. Quant aux opérations exécutées par les ouvriers, elles n'apportaient, pas plus que la vue des appareils, la moindre satisfaction à la curiosité des visiteurs. Aussi le bon public restait-il désappointé, et sa déception se traduisait en réflexions dont le pittoresque ne laissait souvent rien à désirer.

Mais si, au lieu d'embrasser tout l'ensemble, on vient à aborder les détails, les choses changent complètement d'aspect, et ces ouvriers qui, tout à l'heure, ne nous inspiraient aucun intérêt, sont tout à coup transformés.

Suivons le travail de celui-ci : c'est le *fendeur* ou *cliveur*.

Il vient de prendre un diamant tout à fait irrégulier qui doit être taillé. Il faut donc enlever à cette pierre, d'une façon ou d'une autre, une partie de sa substance. Sans doute, à l'aide de la roue dont nous allons bientôt parler, on arriverait à ce résultat, mais il faudrait un temps considérable, outre la perte de substance qu'entraînerait ce procédé.

Le fendeur va procéder d'une tout autre manière.

Il examine d'abord soigneusement quelles sont les parties qui doivent et qui peuvent être enlevées par le clivage. Il prend ensuite un petit bâton portant à l'une de ses extrémités une virole en cuivre dépassant un peu le bois et remplie d'un mastic composé de résine et de brique pilée. Ce bâton s'amincit en formant collet en arrière de la virole, puis va en grossissant, de manière à se prêter le mieux possible à la pression de la main. L'ouvrier ramollit le mastic à l'aide de la petite lampe placée près de lui, et il enfonce le diamant dans la matière quand elle est devenue suffisamment plastique. Le mastic se refroidit bientôt, et le diamant se trouve solidement fixé à l'extrémité du petit bâton. Un fragment de diamant à arête vive et saillante a été fixé de la même manière à l'extrémité d'un autre bâton. Une boîte appelée égrisoir, de quinze centimètres de longueur sur dix de largeur, est placée devant le fendeur ; elle porte sur ses bords deux petites chevilles en cuivre destinées à jouer, par rapport aux bâtons de bois, le rôle des chevilles d'une barque par rapport aux rames. Cette boîte, outre son rôle de support, est destinée à recevoir la poudre qui tombe quand on use les diamants, et comme, dans cette opération, il se détache toujours quelques parcelles de mastic, la boîte a un double fond ; le premier en cuivre, percé de très petits trous, laisse passer la poussière de diamant et retient les débris de mastic. Le cliveur prend un des bâtons de chaque main et les appuie sur les bords de la boîte, les chevilles correspondant au col de chacun d'eux. Il approche les deux diamants jusqu'au contact, puis,

Fig. 118. — Détail d'un compartiment dans l'atelier de fendage.

appliquant les deux pouces sur les bâtons de manière à les serrer à la fois entre la cheville et entre le bord de la boîte, il imprime aux deux bâtons un mouvement de va-et-vient, de manière à déterminer, à l'aide du diamant anguleux, une petite fente en forme de V dans le diamant

à cliver. Il est indispensable, en outre, que cette fente
une fois produite, la ligne de fond corresponde exactement
au plan de clivage de la pierre, et bien que l'ouvrier
n'ait que son coup d'œil pour fixer la ligne d'attaque, et
son habileté pour la maintenir dans la même direction,
le résultat cherché est toujours atteint.

Quand l'entaille est suffisamment profonde, le cliveur

Fig. 119. — Le fendeur.

enfonce son bâton dans un bloc de plomb percé d'un
trou au centre et placé au bord de la table. D'une main,
il introduit dans la fente le tranchant mousse d'une lame
en acier trempé ; de l'autre, il prend un appareil à per-
cussion qui n'a de marteau que le nom, puisqu'il est
formé par un morceau de fer étranglé au milieu et se
développant en cône à ses deux extrémités. Le cliveur
applique sur le dos de la lame d'acier un coup sec, et le

diamant se fend suivant le plan de clivage (fig. 119). Ce n'est pas sans émotion qu'on voit donner ce coup de marteau ; il est d'ailleurs donné par l'ouvrier sans hésitation, et comme si la substance en expérience n'avait aucune valeur. A la manière tranquille dont il repose le marteau sur la table et la lenteur au moins relative avec laquelle il prend et examine le diamant fendu, on comprend que non seulement le résultat voulu est obtenu, mais même qu'il ne pouvait manquer de se produire.

Voilà donc, en très peu de temps, un travail considérable effectué, et, de plus, le fragment détaché conserve encore, comme diamant, une certaine valeur ; il sera repris et taillé à son tour. En attendant, l'ouvrier l'introduit, suivant sa grosseur, dans l'un des quatre petits tiroirs disposés dans une boîte à portée de sa main.

Le fendeur recommence, pour une autre partie du diamant à cliver, la série des opérations que nous venons de décrire, et il obtient une deuxième face plane. Il pourrait répéter suffisamment cette opération, et il arriverait toujours à obtenir un noyau de diamant qui serait ou un octaèdre ou un dodécaèdre, etc., en un mot, un solide se rapportant au système cubique. Mais on n'effectue jamais ce clivage complet, la perte de poids serait trop considérable.

La figure 120 représente la table du fendeur. On voit les lames d'acier à tranchant mousse et la tige en forme de double cône servant de marteau ; à droite, un petit bassin renferme des diamants et supporte une loupe et une pince ; en avant, on voit un manche à l'extrémité duquel est soudé le diamant anguleux qui a servi à pratiquer une fente dans un second diamant. Celui-ci, ainsi préparé, est soudé à l'extrémité d'une seconde tige que l'on voit enfoncée verticalement dans un bloc de plomb au milieu de la figure. En arrière se voit la boîte à

fendre avec ses chevilles; à droite est un bec de gaz pour
ramollir le ciment, et dominant le tout, un globe d'eau
concentre la lumière sur les points qu'il convient d'éclairer davantage.

La figure 117 est une vue générale de l'atelier de
fendage, et la figure 118 montre, à une échelle plus
grande, ce qu'est chaque division de ce vaste atelier.

Fig. 120. — Table du fendeur.

A côté du fendeur voici le tailleur.

Observé à une certaine distance, il est impossible de
ne pas supposer qu'il se livre au même travail que le
précédent. Comme lui, il tient entre ses mains deux bâtons appuyés de la même façon sur les bords d'une boîte
de même forme et de même grandeur que celle du premier; ses bâtons sont seulement un peu plus gros que
ceux du fendeur; comme lui, enfin, il frotte l'un contre
l'autre deux diamants fixés par du mastic à l'extrémité
des deux bâtons. Et cependant, le but à atteindre, dans
les deux cas, est essentiellement différent.

Les deux diamants sur lesquels opère le tailleur sont à peu près de même grosseur, ils n'ont pas en général les arêtes vives ; enfin, en regardant le travail produit, on voit que, loin de faire une rainure dans l'un des diamants, le tailleur les frotte au contraire de manière à les user mutuellement et à faire disparaître toutes les rugosités existant sur la pierre.

Fig. 121. — Le tailleur.

C'est là cette fameuse découverte que Louis de Berquem aurait faite *par hasard*.

Parmi les erreurs qui, une fois lancées et répétées de siècle en siècle, finissent par être placées au nombre des vérités les mieux établies, il faut certainement placer ce *par hasard* au premier rang.

Tout le monde remarquait à l'Exposition que les ouvriers diamantaires avaient, à l'exception de la moitié des doigts, les mains emprisonnées dans de véritables étuis en cuir rigide. On les voit dessinés dans les figures 118 et 122, un peu à droite de la planche. Eh bien, cette masse de cuir si bien adaptée était là pour maintenir les articulations de la main et des doigts : la force musculaire nécessaire à la taille est si grande, qu'il est absolument indispensable de soutenir, à l'aide de l'appareil dont il s'agit, les os et les muscles de la main des tailleurs. Voilà pour le côté mécanique.

Au point de vue de la beauté du diamant, cette intervention du hasard est encore plus impossible. En effet, quand on examine un diamant sortant des mains du tailleur, il n'a ni éclat ni transparence. Sa couleur est grise et terne : comme aspect, il est bien inférieur aux diamants naturels non encroûtés. Cet éclat adamantin si beau et si spécial, cette transparence si pure, cette réfraction si puissante, tout cela ne sera donné au diamant que dans la troisième phase de l'opération de la taille, celle du polissage.

Le tailleur ne se contente pas de désencroûter les diamants qu'il frotte, il leur donne encore la forme définitive qu'ils devront conserver. Si la pierre est assez épaisse pour produire un brillant, il forme d'abord la table, puis la culasse et successivement toutes les facettes du pavillon et du collier. On conçoit que, dans tout ce travail, la plus grande latitude soit laissée au tailleur ; mais comme le poids définitif, et par suite la valeur de la pierre, dépendent, dans une mesure considérable, de son habileté, des diamants de valeur ne peuvent être confiés qu'à des ouvriers éprouvés. C'est ce qui a lieu à partir des diamants de quatre cents au carat. Les autres jusqu'à cinq ou six cents au carat, sont disposés par *partie* et remis aux ouvriers après avoir été pesés.

La figure 122 représente la table du tailleur.

« Pendant tout le temps du travail, les pierres, dépo-
sées dans un papier plié comme les enveloppes des phar-
maciens, sont renfermées chaque soir dans un petit cof-
fret en fer muni d'un cadenas dont l'ouvrier conserve
la clef. Ces petits coffrets portant chacun leur numéro,
sont placés dans une grande armoire en fortes épaisseurs de fer, murée et scellée dans une chambre de briques, bardée de fer et fermée par une seconde porte en

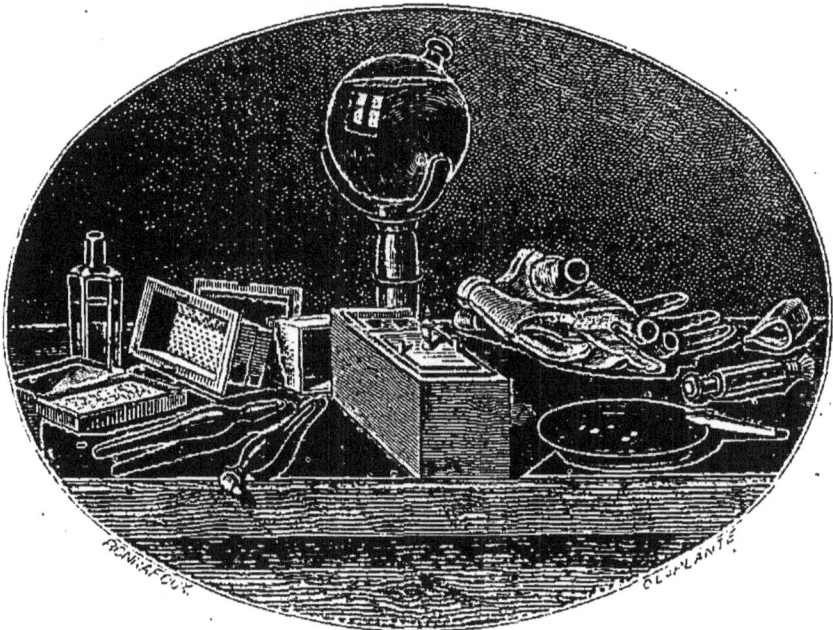

Fig. 122. — Table du tailleur.

fer. De cette armoire on extrait tous les matins les petits
coffres et on les distribue aux ouvriers. Lorsqu'ils rendent leur travail, on pèse combien chaque pièce a perdu
pour les grandes pierres, et combien chaque *partie* pour
les petites. On voit si la perte n'est pas exagérée eu égard
à la qualité des pierres, et l'on paye l'ouvrier inver-
sement à cette perte. On compte les pierres composant
chaque partie, et s'il en manque, le tailleur subit une
amende beaucoup plus forte que la valeur de la pierre

perdue. Comme un brillant de cinq cents au carat et surtout une rose de mille au carat, ne sont pas de gros objets, il arrive fréquemment qu'il s'en échappe des doigts pendant les déplacements si multipliés qu'ils subissent. C'est alors une recherche minutieuse sur le sol et dans les poussières, que l'on balaye avec une brosse à longue soie[1]. »

Le polissage comprend deux opérations distinctes : le sertissage et le polissage proprement dit.

Le sertisseur est assis devant une table supportant un fourneau rempli de charbon incandescent.

Il a près de lui un certain nombre de coquilles de cuivre de la forme d'une cupule de gland de trois ou quatre centimètres de diamètre. Ces coquilles renferment un alliage de plomb et d'étain en quantité telle que l'alliage dépasse les bords de la coquille. C'est dans cet alliage que les diamants à polir doivent tout d'abord être fixés, être *sertis*. Pour cela, l'ouvrier place la coquille remplie d'alliage sur les charbons, où il se ramolit bientôt. Il ne faut pas aller plus loin. L'ouvrier saisit le diamant et l'enfonce dans l'alliage. Il a bien à côté de lui différents instruments et notamment des pinces, mais il n'a pas l'air d'en faire beaucoup de cas. Dans toute l'opération, ses doigts jouent le rôle principal. Quand le diamant est enfoncé, il serre à plusieurs reprises avec ses doigts, et très rapidement, l'alliage un peu au-dessous du diamant, de manière à donner au tout la forme d'un petit cône très surbaissé dont le diamant occupe le sommet. Ce résultat convenablement obtenu, son rôle est terminé. Il passe la coquille au polisseur, et il prépare de la même façon un autre diamant.

Il semble tout d'abord que le travail du sertissage

1. M. Turgan, *op. cit.*, p. 217.

soit une opération très simple. Il n'en est rien; elle est au contraire très délicate, et exige un coup d'œil sûr et exercé.

« On ne peut s'imaginer, sans en avoir été témoin, la prodigieuse adresse avec laquelle les polisseurs tournent et retournent leurs pierres, souvent d'une petitesse extraordinaire. Ainsi, on polit des roses jusqu'à mille au carat, et on y fait jusqu'à vingt-six facettes; on doit donc vingt-six fois mettre dans l'alliage et en sortir un corps gros au plus comme une petite tête d'épingle, et cela sans le laisser échapper et en laissant libre la seule face à polir, le reste étant retenu et enveloppé par le métal; il faut déjà de bons yeux rien que pour distinguer les facettes, et ce n'est que par une habitude très grande qu'on peut voir si une facette est polie ou non, surtout dans les petites dimensions. Pour les grosses pierres, il y a un autre genre de difficultés : les facettes étant plus larges, il faut que le polisseur, car dans ce cas le tailleur n'intervient pas, ne se trompe pas sur le sens, le *fil*, ou ce que Tavernier appelle le *chemin* du diamant; il doit donc bien combiner la direction suivant laquelle il présente la pierre à la meule, sans cela il dépenserait en pure perte son temps, la force motrice, la poudre de diamant, et de plus, il rayerait sa meule à la mettre promptement hors de service[1]. »

Nous empruntons à M. Turgan la description du polissage tel qu'il s'exécute dans le grand établissement de M. Coster, à Amsterdam.

L'usine de M. Coster possède trois salles destinées au polissage; la plus petite est située au troisième étage, sur le même plan que les fendeurs et le bureau qui se trouve

1. M. Turgan.

ainsi au centre du travail. Les deux autres tiennent toute
la largeur des bâtiments. Comme dans l'atelier des tailleurs, ce qui frappe les yeux à première vue, c'est l'absence de tout ouvrier au milieu de la salle, parfaitement
propre et scrupuleusement balayée. Du parquet s'élè-
vent six colonnes de fonte correspondant directement,

Fig. 123. — Vue générale de l'atelier de la taille.

au-dessous du plancher, avec une transmission directe
fort bien aménagée et mue par une machine à vapeur de
quarante chevaux. A un mètre environ du sol, ces colonne de fonte portent de larges disques en fonte dont le
diamètre mesure un mètre quarante centimètres, au
moins, et l'épaisseur environ trente centimètres ; de leur

centre s'élève une forte tige en fer qui va traverser le plafond et donner le mouvement aux disques de l'étage supérieur. Les deux surfaces plates de ces disques sont polies et luisantes, les surfaces cylindriques sont cannelées pour recevoir des cordelettes en corde à boyau, en caoutchouc ou en gutta-percha : le choix est laissé libre au diamantaire, qui choisit, suivant sa fantaisie et d'après la nature de son travail, la matière de sa transmission ; car ces cordelettes ont pour but de transmettre le mouvement circulaire des grands disques à la tige qui sert de pivot aux petites meules sur lesquelles les polisseurs exécutent leur travail. La différence de diamètre fait que les petites meules acquièrent une rotation de deux mille cinq cents tours par minute quand les grands disques tournent avec une lenteur relative. Toute la disposition de la salle, toute la construction des bâtis, des disques de transmission et des meules, est dominée par la pensée de maintenir une horizontalité absolue à ces dernières, tout en activant leur rotation.

L'édifice lui-même a été construit suivant cette pensée, et les murs, solidement établis, sont absolument parallèles entre eux et perpendiculaires aux planchers ; puis les disques, alourdis et équilibrés comme des meules de moulin au moyen de petits morceaux de plomb qu'on ajoute à leur face inférieure, tournent dans un plan parfaitement horizontal, maintenus par l'étendue de leurs supports en fonte, qui est au moins de sept centimètres de largeur. Pour assurer aux meules cette même horizontalité, on a établi de forts bâtis en chêne, très épais et très rigides, composés de montants fixés au plancher et au plafond, et dans l'intervalle desquels sont placées les meules.

En travers des montants sont trois rangs de madriers non moins massifs, dont le moyen supporte une sorte

de table d'un mètre de profondeur environ. Le milieu
de ce madrier-moyeu est percé d'un trou rond par lequel passe le pivot de la meule ; le madrier supérieur et
l'inférieur, directement en face de ce trou, sont également percés d'une ouverture carrée. Dans ces deux ouvertures, le diamantaire dispose deux bâtons carrés, en
bois de gaïac, extrêmement rigides. Il fait appuyer la
pointe inférieure du pivot de sa meule à l'extrémité carrée du morceau de bois inférieur, et il descend le morceau de bois supérieur jusqu'à la rencontre de la pointe
supérieure du pivot. C'est entre ces deux morceaux de
bois que tournera le pivot, en usant de ses deux pointes
opposées le gaïac, assez tendre pour se laisser entamer
légèrement, assez dur pour ne pas laisser dévier les
pointes de la perpendiculaire la plus absolue.

Quand la surface du bois devient trop inégale par suite
de l'usure causée par le frottement, le diamantaire, avec
une grosse lime, rabote l'extrémité et continue jusqu'à
destruction complète des prismes quadrangulaires, qu'il
remplace alors facilement, grâce à la facilité de leur em-
manchure.

La meule elle-même et son pivot ont été établis et
modifiés légèrement, toujours dans l'idée de conserver
l'horizontalité à la rotation de la meule en accélérant sa
rapidité. La meule est en fer pas trop doux et pas trop
dur. Les Indiens se servent, dit-on, de meules en bois
très dense ; d'après Tavernier, ce seraient des plaques
d'acier ; cet auteur attribuerait à l'aigreur du métal l'infériorité de la taille indienne. Les meules hollandaises
ont quarante centimètres de diamètre environ et à peine
un centimètre d'épaisseur sur les bords.

La partie supérieure du pivot est conique, assez large
à sa base pour bien guider la surface de la meule ; elle
se termine en pointe émoussée et appuie sur le prisme

de bois de gaïac supérieur. La partie inférieure du pivot commence par une portion cannelée où s'enroule la cordelette mue par le disque de transmission, et se termine brusquement en cône accentué pour aller s'appuyer aussi par une petite secousse sur le prisme quadrangulaire inférieur. Cet appareil, assez lourd, est équilibré par l'addition de plomb fondu fixé aux places trop légères. Lorsque la cordelette y est fixée et qu'il est mis en mouvement, il tourne presque sans bruit, avec une telle régularité qu'il semble absolument immobile.

L'impression, à l'aspect d'un atelier de polissage, est assez étrange. La salle a toujours l'air complètement vide. Les disques du centre de l'atelier font un certain bruit sourd et déterminent même un peu d'ébranlement. Les meules de chaque rangée ont l'air immobiles dans leur rotation et sont presque toujours cachées par une planchette qui joint les montants des bâtis; on se demande où sont les ouvriers. Ils disparaissent entièrement derrière les montants en chêne, dans un long couloir étroit qui s'allonge de chaque côté de l'atelier, entre les bâtis et les fenêtres, et qui n'a dans toute sa longueur que trois étroites ouvertures débouchant dans le milieu de la salle; car la place est précieuse, surtout quand arrive le paquebot porteur des parties de diamants, et, avec lui, la commande pressée. Toute la journée du polisseur se passe entre la section du bâti qui lui est réservée et la moitié d'embrasure de fenêtre à laquelle il a droit pour déposer les outils de son travail. Comme il paye sa place au propriétaire de la fabrique, il n'en bouge pas depuis son entrée dans l'usine jusqu'à sa sortie; son travail lui permet de fumer et même de fumer sans s'interrompre, et tant qu'il peut utiliser la force et et l'emplacement qui lui sont loués, il se garderait bien de perdre une minute.

De temps en temps, le polisseur relève et examine le diamant pour s'assurer que la pierre est bien dans le *fil*, et pour surveiller la marche de la taille. Il maintient toujours la roue humectée d'une certaine quantité de poussière fine de diamant empâtée dans de l'huile d'olive, et qui, du reste, est retenue par de légères stries pratiquées sur la roue, obliquement du centre à la circonférence. Sous l'action d'un corps aussi dur que le diamant

Fig. 124. — Le polisseur.

la roue malgré l'égrisée, s'use assez rapidement. On la lime un certain nombre de fois pour faire disparaître les rainures, mais au bout de quelques mois elle est complètement hors de service.

Dans la figure 125, on a réuni un certain nombre d'objets se rapportant au polissage. D'abord on voit en arrière, à gauche, la roue ou meule en acier, puis trois coquilles remplies d'alliage et munies de leurs queues.

La pièce que l'on voit sur le milieu de la figure avec deux montants à gauche sert à porter le diamant quand il a été fixé dans l'alliage. On commence par retourner cette pièce de manière à ce que les montants soient en bas ; au moyen de la clef, on dévisse l'écrou qui se trouve, au milieu de la figure, près de la tête de la clef, et on

Fig. 125. — Instruments relatifs au polissage.

saisit, entre les mâchoires du support, la queue de la coquille. Dans ces conditions, c'est un véritable trépied dont les deux montants forment deux pieds, et dont la coquille et le diamant constituent le troisième. On dispose alors tout le système sur la table à polir, de façon que le diamant seul porte sur la roue d'acier dans la partie voisine de la circonférence, afin que l'action soit

19

plus rapide. La figure 124 montre le tailleur en action ; seulement son bras droit cache la plus grande partie de la pièce dont nous venons de parler ; mais on n'en voit pas moins parfaitement son rôle.

TAILLE DES PIERRES PRÉCIEUSES AUTRES QUE LE DIAMANT

Nous aurons peu de chose à ajouter à ce qui précède pour compléter ce qu'il y a à dire sur la taille des pierres précieuses en général.

Toutes les pierres précieuses sont moins dures que le diamant, et en outre elles montrent entre elles, à ce point de vue, de très grandes différences. On comprend, dès lors, que les procédés de taille applicables au diamant ne puissent être indistinctement employés pour les autres pierres. Aussi les moyens, bien que ne variant nullement dans la forme, sont au fond complètement différents.

Les roues qui servent à tailler et à polir les pierres précieuses présentent la même forme et la même disposition que celles des diamantaires ; mais elles sont formées de substances beaucoup plus tendres, et les poudres dont on les recouvre sont bien moins dures que l'égrisée.

Les lapidaires (en dehors des diamantaires) emploient des roues de plomb, d'étain, quelquefois de zinc, de cuivre rouge et de bois durs. — Pour user et polir, ils font usage d'émeri (substance formée surtout d'alumine), de tripoli (substance formée surtout de silice), de potée d'étain (bioxyde d'étain), et de rouge d'Angleterre ou colcothar (peroxyde de fer anhydre). — Chaque roue et chaque substance a son emploi spécial, suivant la pierre à tailler et suivant le but que se propose le lapidaire.

Avec la roue en plomb on taille la plus grande partie

des pierres précieuses non colorées, et en se servant seulement de tripoli bien humecté. Elle sert ensuite à donner un premier poli à toutes les pierres précieuses dans lesquelles la silice est l'élément principal : agates, jaspes, hyacinthes, etc.

On donne aux pierres précieuses autres que le diamant des formes en général très différentes de celles de ce dernier.

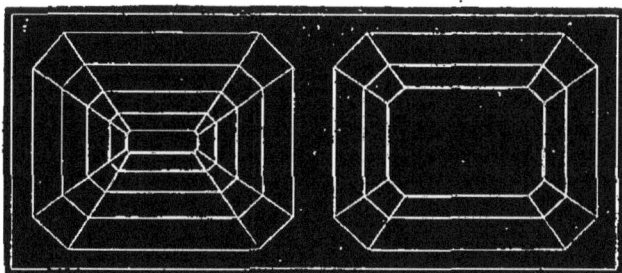

Fig. 126. — Taille des pierres précieuses autres que le diamant.

Les deux tailles les plus employées sont la taille à degré et la taille en cabochon, à laquelle se rattache celle en cabochon très aplati, dite « goutte de suif ». Chacune d'elles peut être en outre ronde ou ovale, carrée ou allongée.

Le cabochon est plan, concave ou bombé à la partie inférieure. Dans ce cas, c'est le double cabochon.

Les cabochons concaves sont employés pour les pierres médiocrement transparentes, et cette disposition a surtout pour but de déterminer une plus facile transmission de la lumière. Pour les grenats d'une certaine grosseur, on fait souvent usage de cette forme. La taille en cabochon s'emploie en particulier pour l'adulaire, l'œil-de-chat, l'hydrophane et surtout l'opale. Mieux que toutes les autres, elle fait valoir les beautés et les particularités remarquables de ces différentes pierres.

Les pierres taillées à degrés ne sont pas, en général,

très épaisses, et elles présentent cette disposition particulière que les degrés sont presque toujours plus nombreux à la partie inférieure qu'à la partie supérieure.
C'est qu'à la partie inférieure les degrés couvrent toute
la surface, tandis qu'à la partie supérieure on réserve
très souvent une assez large table au centre. Les deux
figures 126 et 127, qui représentent les formes données
à un grand nombre de pierres colorées, particulièrement
à l'émeraude et à l'aigue-marine orientale, nous servi-
ront d'exemples pour les deux types principaux de la
taille à degrés.

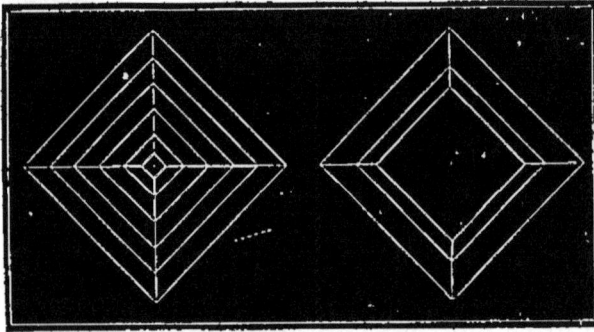

Fig. 127. — Taille des pierres précieuses autres que le diamant.

Il existe encore d'autres formes dans lesquelles les
pierres taillées en cercle ou en ovale portent au-dessus
une large table que l'on entoure de facettes, soit triangulaires, soit à la fois triangulaires et quadrangulaires.
Dans ce cas, la face inférieure est recouverte de facettes
quadrilatères avec une très petite table au centre.

Disons enfin que, pour quelques pierres, le rubis et le
saphir en particulier, on fait usage de tailles qui se
rapprochent beaucoup de celle du diamant, avec cette
différence que l'on donne moins d'épaisseur à la partie
supérieure.

MONTAGE DES PIERRES PRÉCIEUSES

Les pierres précieuses entrent de mille manières dans l'ornement et la parure, mais elles doivent, en général, subir auparavant l'opération du montage. En effet, à part quelques cas assez rares où les pierres précieuses sont simplement percées et suspendues à l'aide d'un fil métallique ou d'une agrafe quelconque, elles sont enchâssées dans un corps suffisamment résistant et choisi lui-même parmi les substances précieuses. C'est presque toujours l'or ou l'argent qui remplissent ce rôle.

Pour les pierres incolores, on se sert d'argent; pour les pierres colorées, c'est l'or qu'on emploie.

Dans le premier cas, la pierre conserve sa limpidité, son brillant n'est pas obscurci par la teinte du métal, et elle tire même de la couleur blanche de l'argent un éclat tout nouveau. Dans le second cas, la couleur de l'or augmente la teinte de la pierre et s'harmonise bien avec elle.

Il n'est pas rare de rencontrer aujourd'hui des diamants montés sur or ; beaucoup de marchands même ont une petite théorie à l'aide de laquelle ils démontrent, quand on y met une dose de naïveté suffisante, que la monture sur or d'un diamant est beaucoup *plus distinguée* qu'une monture sur argent. Mais que les acheteurs ne s'y trompent pas, toutes les fois qu'un diamant est monté sur or, on doit presque toujours supposer qu'il est de qualité inférieure, et que ses défauts, particulièrement sa mauvaise eau, sont plus ou moins dissimulés par la réflexion colorée de l'or qui l'entoure.

Fixer une pierre précieuse dans un cadre métallique convenablement choisi est ce qu'on appelle *sertir* la pierre.

Le sertissage ayant seulement pour but de fixer la pierre, il doit se pratiquer toujours de la même façon, quel que soit le corps sur lequel on opère.

Il existe deux modes de montage pour les pierres précieuses. Dans le premier, la pierre est découverte au-dessus et au-dessous : c'est le *montage à jour*. Dans le second, la pierre est visible seulement à la partie supérieure. Dans les deux cas, la petite plaque de métal qui doit recevoir la pierre subit la même opération préalable.

L'ouvrier prend un petit tube en bronze creusé sur ses six faces d'un grand nombre de cavités hémisphériques parfaitement polies : *c'est le dé à emboutir*. Il choisit une ouverture qui soit en rapport avec la grosseur de la pierre à sertir, il la recouvre avec une petite plaque de métal, et applique sur elle l'extrémité d'une espèce de poinçon en acier appelé *bouterolle*, long de huit à neuf centimètres, arrondi et poli à l'une de ses extrémités de manière qu'il entre exactement dans l'une l'une des ouvertures (on comprend que chaque cavité a sa bouterolle spéciale). En appuyant la bouterolle, la lame de métal cède et on obtient une véritable coquille hémisphérique.

Si la pierre ne doit pas être montée à jour, l'opération préliminaire est terminée ; mais dans le cas contraire, il faut pratiquer dans les parois de la cavité des ouvertures qui peuvent être disposées de diverses manières, mais qui toujours ont pour but et pour résultat de faire disparaître la plus grande partie de la paroi métallique et de permettre, dès lors, à la lumière d'agir librement sur la pierre.

L'ouvrier dresse à la lime la partie supérieure de la plaque ainsi préparée et place la pierre au-dessus dans la position qu'elle doit définitivement conserver. Il prend un fil métallique, le courbe de manière à reproduire exactement les contours de la pierre, et il le soude à la partie supérieure de la plaque emboutie et dressée. Si la pierre est destinée à orner une bague, on a ce qu'on appelle le chaton. L'ouvrier prend ensuite un anneau d'or d'une largeur convenable, le courbe en cercle, place le chaton entre les deux extrémités, et soude solidement le tout. Il n'est pas rare de rencontrer des ouvriers qui soudent d'un même coup le fil contourné destiné à enchâsser la pierre, et les deux extrémités de l'anneau avec le chaton.

La bague est alors mise au ciment, c'est-à-dire fixée à l'extrémité d'une poignée de bois avec un ciment que l'on ramollit par la chaleur. De cette façon, l'objet ne remue plus, et les opérations qui lui restent à subir s'exécutent avec beaucoup plus de facilité.

Avec un *onglet* et une *échoppe* on creuse le fil métallique à la partie intérieure jusqu'à ce que la pierre puisse entrer et qu'elle repose bien sur tout son pourtour.

Au moyen de l'*échoppe à arrêter*, on commence, en appuyant en quelques points sur le fil, à fixer la pierre de manière à ce qu'elle ne puisse plus ni se détacher, ni se déranger de sa position. A l'aide du marteau et du *poinçon à sertir*, l'ouvrier repousse tout autour de la pierre le fil métallique dont la partie intérieure verticale s'incline alors vers la pierre, de manière à la recouvrir par la base, et à l'enchâsser de la manière la plus complète.

Il faut maintenant découvrir la pierre, c'est-à-dire ne conserver du fil métallique que la partie indispensable à sa solidité, afin de rendre visible la plus grande partie possible de la pierre sertie.

Il n'est pas rare de rencontrer autour d'un diamant assez petit une sertissure très large. Cet artifice a pour but de *laisser supposer* que le diamant est beaucoup plus gros que ne l'indique sa partie visible; mais c'est là une finesse de marchand dont personne ne peut être dupe.

A l'aide d'une espèce de poinçon tranchant qu'on appelle *fer à découvrir*, l'ouvrier enlève l'excès de sertissure en dirigeant son instrument de haut en bas, de manière à ce que la partie supérieure de la sertissure soit réduite à un très faible épaisseur. L'aspect de la pierre est alors plus agréable, et, en outre, le métal s'appliquant exactement sur toutes les parties correspondantes de la pierre, aucun corps étranger ne peut s'introduire entre elle et la monture. Enfin, à l'aide d'une échoppe, on pratique sur la sertissure six ou huit griffes égales et bien régulièrement disposées, et l'opération est terminée.

Il ne reste plus qu'à donner à la pierre le dernier poli pour qu'elle puisse être livrée au commerce, ce qui se fait, comme nous l'avons dit, à l'aide de la ponce, du tripoli, et enfin du rouge d'Angleterre.

GRAVURE DES PIERRES PRÉCIEUSES

Quand on examine les merveilleuses productions artistiques exécutées, soit en creux, soit en relief, sur les pierres précieuses et les pierre dures, on est naturellement porté à penser que les moyens employés pour obtenir des résultats si variés doivent être extrêmement nombreux; cependant il n'en est rien. Les appareils et les instruments du graveur sur pierres dures sont aussi simples et en aussi petit nombre que ceux du lapidaire. Ils se divisent en deux catégories : 1° le *touret*, qui est, à proprement parler, l'appareil moteur; 2° une série de petites tiges appelées bouterolles, pouvant s'ajuster sur le touret.

Touret. — Le touret, comme le montre la figure suivante, est, dans ses parties essentielles, un tour ordi-

Fig. 128. — Touret en activité.

naire réduit à la poupée qui porte l'axe mobile. Cet axe est percé au centre d'un trou portant un pas de vis, et c'est dans ce pas de vis que s'ajustent les petites tiges destinées à attaquer la pierre. Le graveur humecte l'extrémité de la tige montée avec de l'égrisée empâtée dans l'huile d'olive, il met le touret, et par suite la tige en mouvement, et, en présentant de la main gauche la pierre, préalablement préparée par le lapidaire, à l'action de la tige imprégnée d'égrisée, il attaque facilement la pierre. Pour rendre l'attaque plus facile et plus sûre, la pierre est toujours soudée au préalable à l'extrémité d'un morceau de roseau à l'aide d'un mastic à base de résine. Pour creuser plus ou moins complètement la pierre, pour déterminer telle ou telle disposition dans les cavités, de manière à produire en définitive un dessin parfaitement régulier et souvent d'une prodigieuse délicatesse, on comprend que les bouterolles, à leurs extrémités frottantes, doivent présenter des formes très différentes. Aussi la série de ces bouterolles, qui commence par la pointe aiguë, passe successivement à des formes de plus en plus mousses[1].

Parmi ces différentes variétés il y a cependant quatre types plus généralement employés que les autres.

Le premier, appelé *charnière*, est creux; il sert à décrire des cercles avec la plus grande facilité, il peut même servir à forer les pierres dures.

Le deuxième, appelé *roulette*, est un disque émoussé sur ses bords.

Le troisième appelé *scie*, est un disque tranchant d'un usage très fréquent.

La quatrième est la *bouterolle* proprement dite : c'est une tige terminée par une petite tête sphérique.

Nous reproduisons dans la figure 129, avec des dimensions suffisamment grandies, tous les outils et les accessoires employés par le graveur sur pierres dures.

Comme les pierres précieuses propres à la gravure

1. Les deux figures 117 et 118 sont empruntées au grand traité de Mariette.

ont toujours une valeur notable et quelquefois très grande,

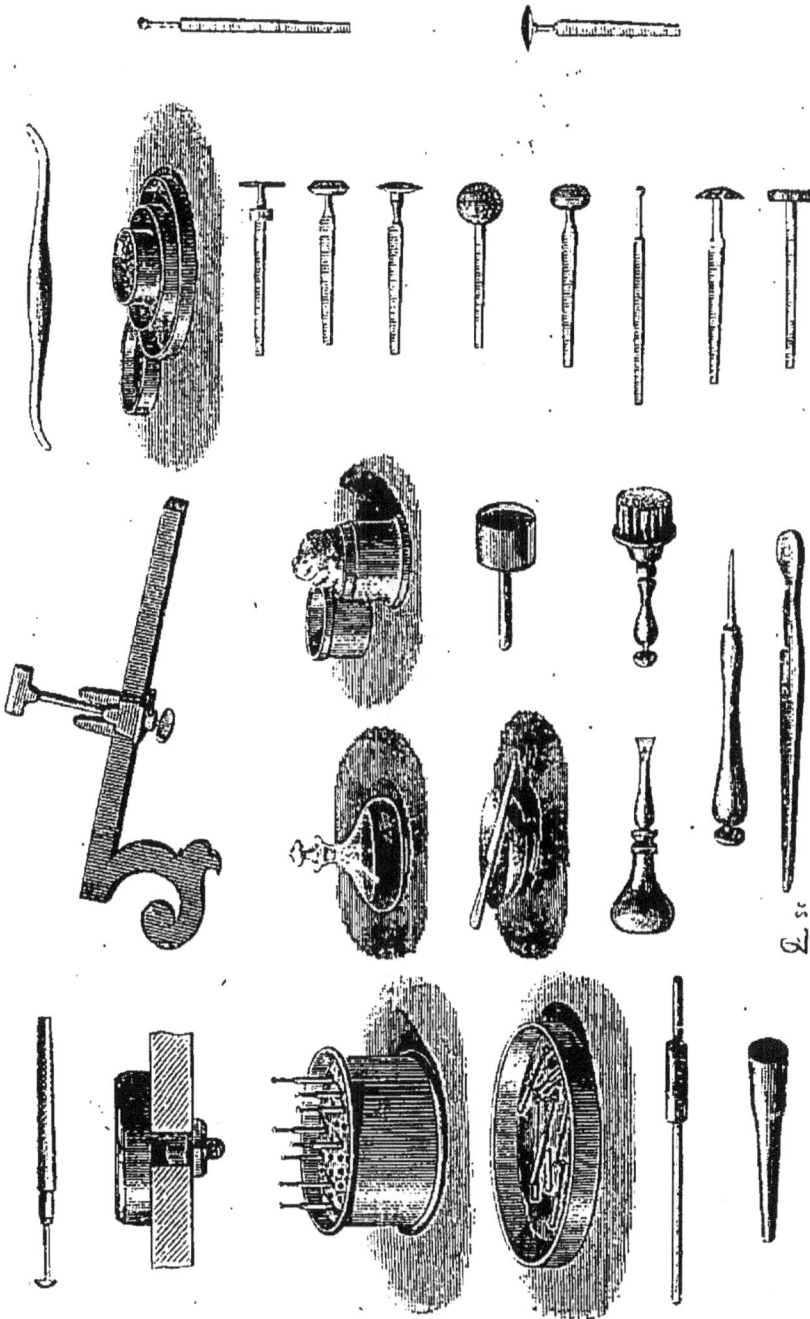

Fig. 129. — Outils et accessoires du graveur sur pierres dures.

il importe de pouvoir utiliser toutes leurs parties. C'est

pour cela qu'au lieu de les user pour les rendre planes, on les scie. On obtient ainsi une pierre bien dressée et on conserve, pour en tirer parti, la portion enlevée. Cette opération s'exécute à l'aide de différents procédés. Le plus simple et le plus ancien consiste à fixer la pierre à l'extrémité d'un support, et à la frotter avec un archet tendu par deux fils de fer cordés et imprégnés d'égrisée. L'opération exécutée à l'aide de cet instrument était longue et peu régulière; on a substitué à l'archet d'autres appareils moins élémentaires dont l'action est infiniment plus rapide et plus précise.

La figure 130 reproduit l'un d'eux. C'est un véritable moulin de lapidaire dans lequel la meule est remplacée par un disque d'acier à bord tranchant contre lequel l'ouvrier applique la pierre de la main gauche, tandis que sa main droite met l'appareil en mouvement. Le disque est en outre imprégné d'égrisée que l'ouvrier ramène et maintient toujours sur les bords, c'est-à-dire sur la seule partie agissante du disque.

Bien que le sciage des pierres précieuses soit surtout pratiqué en vue de préparer ces pierres à la gravure, cette opération est exécutée par les lapidaires et non par les graveurs, qui reçoivent, des mains des premiers, les pierres dressées et polies.

Tels sont les moyens d'action du graveur sur pierres dures.

Mais il ne suffit pas au premier venu d'avoir un bloc de marbre et un ciseau pour produire une œuvre d'art ou simplement une œuvre passable, il faut le métier d'abord, et ensuite le sentiment élevé de l'art. Il en est de même, on le comprend, pour le graveur sur pierres fines. Il est certaines parties matérielles qu'il doit d'abord posséder à fond : le jeu du touret, l'action des bouterolles, l'effet de l'égrisée, etc., et, dans un autre ordre, des notions de dessin aussi complètes que possible. Mais, pour arriver à produire ces chefs-d'œuvre que nous ont légués l'antiquité, la Renaissance et même l'époque moderne, il faut, en dehors de toutes ces connaissances acquises, que le feu sacré brûle dans son

Fig. 150. — Appareil pour scier les pierres dures.

âme, que le génie de l'inspiration l'ait touché de son aile et l'ait sacré artiste.

Graver une belle composition sur une pierre dure d'une seule couleur est déjà une œuvre très remarquable et d'une grande difficulté; mais ce cas, le plus simple de tous, n'est pas le plus commun. Très souvent les graveurs emploient des pierres offrant différentes couleurs, soit superposées dans le plan de la pierre comme dans la sardoine, soit disposées plus ou moins obliquement ou même perpendiculairement par rapport à ce plan. Les difficultés augmentent alors prodigieusement, car l'artiste n'a plus seulement à se préoccuper de la gravure proprement dite, mais encore et surtout à composer son dessin et à diriger le travail matériel de manière à tirer comme harmonie, disposition, analogie, etc., le parti le plus heureux possible des différentes couleurs que présente la pierre.

Pour montrer les effets vraiment extraordinaires obtenus par les artistes à ce point de vue, nous citerons l'exemple suivant, que nous empruntons à Caire.

« Parmi les jolies choses qu'on est parvenu à former en ce genre, je dois faire mention d'un berger assis sur un rocher, tenant un bâton à la main : son visage, ses mains et ses jambes ont un ton de chair ; sa casaque, d'une couleur brune, offre différents trous qui laissent la chemise à découvert. L'artiste a également su profiter d'une veine couleur de bois pour former le bâton de ce berger. On voit à côté de lui un arbre sous lequel il est censé se reposer, et dont l'extrémité présente des feuilles vertes ; le tronc paraît dessiné avec la plus grande vérité ».

Les pierres fines sont gravées en relief ou en creux. Dans le premier cas, elles portent le nom de *camées ;* dans le second, celui d'*intailles.*

Les pierres de camées sont en général opaques ou demi-transparentes : onyx, sardoines, agates, cornalines, etc. Elles reçoivent et comportent les sujets les plus variés.

Les intailles sont très souvent exécutées sur des pierres transparentes, et les sujets traités de cette manière sont plus limités que dans les gravures en relief. Elles sont surtout réservées aux cachets, allégories, sentences, devises, armoiries, etc.

Dans les temps modernes, c'est Rome qui a le grand monopole de la gravure sur pierre dure. Cette ville en exporte chaque année pour plus de 250 000 francs.

A l'Exposition universelle de 1867, on voyait, dans la section des Etats pontificaux, plusieurs magnifiques camées de l'artiste Girometti :

Une grande composition (Ptolémée II Philadelphe et Arsinoé), estimée 30 000 francs, sur une superbe cornaline orientale qui, seule, avait déjà coûté 10 000 francs ;

Un Achille, sur sardoine orientale, estimé 12 000 francs. Cette remarquable production offre un exemple frappant du parti que peuvent tirer les artistes des différentes teintes de la pierre. En effet, la tête du héros est bronzée comme elle le serait par l'action du soleil, tandis que le casque et le bouclier ont la couleur de l'acier.

Un camée représentait une Bacchante. L'artiste avait tiré un merveilleux parti d'une veine rouge qui se trouvait dans la pierre pour en faire une magnifique couronne de pampre.

CARACTÈRES GÉNÉRAUX DES PIERRES PRÉCIEUSES.

NOM	COULEUR	COMPOSITION	SYSTÈME CRISTALLIN	POIDS SPÉCIFIQUE	PLACE DANS L'ÉCHELLE DE DURETÉ	RÉFRACTION	INDICE DE RÉFRACTION	POUVOIR DISPERSIF	PROPRIÉTÉS ÉLECTRIQUES	FUSIBILITÉ	ÉCLAT	TRANSPARENCE
DIAMANT.	Blanc, jaune, bleu, noir.	Carbone pur.	Cubique.	3,4 à 3,6	10	Simple.	2,43 à 2,48	0,38	Positive.	Infusible.	Adaman- tin.	Très grande.
RUBIS. SAPHIR. TOPAZE. ÉMERAUDE. AMÉTHYSTE. (D'Orient.)	Rouge, rouge vio- let. Blanc, bleu violet. Jaune. Vert. Violet.	Alumine. . . . 98,50 Fer et chaux. . 1,50	Rhomboé- drique.	3,9 à 4,2	9	Double.	1,76	0,026	Retient l'électricité pendant plusieurs heures.	Infusible.	Vitreux.	Complète.
RUBIS SPINELLE. RUBIS BALAIS.	Rouge ponceau. Rose violacé. Rouge vinaigre.	Alumine. . . . 69,00 Magnésie . . 26,00 Protox. de fer. 0,75 Silice . . . . . 3,00 Oxyde de chrome.	Cubique.	3,8	8	Simple.	1,75 à 1,80	0,04	Non.	Infusible.	Vitreux.	Assez grande.
CHRYSOBÉRYL. CHRYSOLITHE. CYMOPHANE. ŒIL-DE-CHAT.	Vert asperge. Verdâtre mêlé de jaune . . . . . Jaune. verdâtre. Gris vert avec veines concentriques.	Alumine. . . . 80,00 Glucine . . . . 20,00 Traces d'oxydes de fer, d'ox. de cuivre, etc.	»	3 à 3,6	8,5	Double.	1,76	0,033	Retient l'électricité pendant plusieurs heures.	Infusible.	Vitreux, un peu opa- lescent.	Transpa- rent et demi-trans- parent.
ÉMERAUDE. BÉRYL. AIGUE-MARINE.	Vert. Vert bleuâtre. Vert de mer.	Silice. . . . . 68,00 Alumine. . . . 16,00 Glucine . . . . 12,00 Oxyde de fer. . 1,00	Prisme hexagonal.	2,67 à 2,73	7,5 à 8	Double, mais faible.	1,58	0,026	Positive.	Un peu fusible.	Vitreux.	Faible.
QUARTZ. CHRYSOPRASE. AMÉTHYSTE OCCI- DENTALE. JASPE. AGATE. CORNALINE. ONYX. SARDOINE. HÉLIOTROPE.	Blanc, enfumé . Vert-de-gris . Violet. Roux avec veines rouges. Grisâtre clair. Rouge, souvent éclatant. Blanc grisâtre et brun noir. Fauve.	Silice. Traces d'alumine, d'o- xyde de fer, etc.	Prisme hexagonal.	2,65	7	Double.	1,55	0,026	Positive.	Infusible.	Vitreux.	Transpa- rent.
OPALE. HYDROPHANE.	Irisée. Gris blanc, deve- nant transpa- rente quand on la mouille.	Silice, 91. Eau. 9,00 Silice . . . . 93,00 Alumine. . . 2,00 Eau. 5,00	Non cristal- lisée. Id.	2,11 à 2,35	5,5 à 6,5	»	»	»	»	Infusible.	Vitreux résineux	Faible.

20

CARACTÈRES GÉNÉRAUX DES PIERRES PRÉCIEUSES.

NOM	COULEUR	COMPOSITION	SYSTÈME CRISTALLIN	POIDS SPÉCIFIQUE	PLACE DANS L'ÉCHELLE DE DURETÉ	RÉFRACTION	INDICE DE RÉFRACTION	POUVOIR DISPERSIF	PROPRIÉTÉS ÉLECTRIQUES	FUSIBILITÉ	ÉCLAT	TRANSPARENCE
PÉRIDOT. CHRYSOLITHE. OLIVINE.	Vert poireau. Jaune d'or. Verdâtre.	Silice 30,73 Magnésie 50,04 Protox. de fer 9,19 — de mang. 0,09 — de nickel 0,52 Alumine 0,22	Prisme rhomboïdal oblique.	3,41 3,33 à 3,54	5,6	Double.	1,68	0,053	Devient électrique par frottement	Infusible.	Vitreux.	Transparent.
GRENAT. GROSSULAIRE. ALMADINE. OUWAROVITE.	Coloration très variée, mais les plus estimés sont rouge violacé.	Silice 40,00 Alumine 20,00 Oxyde de fer 34,00 Chaux 4,00 (Voir pages 177 et suivantes.)	Système cubique.	3,65 à 4,32	6,5 à 7,5	Simple.	1,76	0,033	Id.	Fusible au chalumeau	Vitreux et un peu résineux	Transparent et pouvant successivement devenir opaque.
HYACINTHE. ZIRCON.	Rouge brunâtre. Incolore. — Jaune verdâtre.	Zircone 70,00 Silice 25,00 Oxyde de fer. 0,05	Prismatique à base carrée.	4,47	7,5	Double à un très haut degré	1,99	0,044	Id.	Infusible.	Vitreux résineux	Transparent.
JADE.	Vert pâle et olivâtre	Silice 58,00 Chaux 13,00 Magnésie 25,00 Oxyde de fer 2,00 Alumine 3,00	Non cristallisé.	2,97	"	"	"	"	Id.	Fusible.	Blanc laiteux.	Demi-transparent.
TOURMALINE. LABRADOR.	Montre toutes les couleurs depuis l'aspect hyalin presque pur jusqu'à l'opacité la plus complète. Gris de cendre	Acide borique 7,00 Silice 41,00 Alumine 40,00 Oxyde de manganèse 6,00 Base alcaline 5,00 Silice 55,00 Alumine 28,00 Chaux 12,00 Soude 5,00	Rhomboédrique. Prismatique oblique.	3,07 2,5 à 2,7	8	Double. Double.	1,62	0,028	Prend les deux tricités par le frottement et la chaleur	Fusible.	Vitreux. Vitreux.	Passe de la transparence à l'opacité. Opalin.
TURQUOISE.	Vert assez pâle.	Alumine 44,50 Ac. phosphoriq. 40,00 Oxyde de cuivre 4,00 — de fer 1,50 Eau 19,00	"	2,83 à 3	6	"	"	"	Non.	Infusible.	Vitreux.	Demi-transparent.
LAPIS LAZULI.	Bleu de ciel	Silice 49,00 Alumine 11,00 Base alcaline 8,00 Chaux 16,00 Ac. sulfurique 2,00 Oxyde de fer 4,00	"	2,03	5,5	"	"	"	Non.	Fusible.	Vitreux.	Opaque.

APPENDICE

DE QUELQUES DIAMANTS DÉCOUVERTS DANS NOTRE SIÈCLE
Les diamants (Voyez chapitre IV).

L'*Étoile du Sud*, le plus gros diamant découvert au Brésil. Trouvé en 1853, par une négresse, dans le district de Bagagem. Poids à l'état brut : 254 carats (le carat vaut 212 milligrammes). Réduit par la taille en brillant à 115 carats. Vendu deux millions à un prince indien.

Le *diamant de M. Dresden*, beau brillant sans défaut, de 76 carats, découvert en 1857 à Bagagem. Vendu un million à l'acquéreur de l'Étoile du Sud.

L'*Étoile de l'Afrique du Sud*, le premier gros diamant trouvé dans les gisements du Cap, beau brillant de 46 carats, de l'*eau* la plus pure, aussi incolore que les diamants indiens : ce qui est fort rare pour les diamants africains.

Le *Stewart*, trouvé en 1872, dans les gisements du Cap. Poids brut, 288 carats : réduit par la taille en brillant à 126 carats. Il est un peu jaune et a été vendu 225 000 francs.

Le *Porter Rhodes*, même provenance, trouvé, dit-on, en 1880. Il est tout à fait incolore et pèse 150 carats.

Enfin, le plus gros de tous les diamants du Cap pèse brut 457 carats. Il passe pour être absolument blanc. Il appartient à un syndicat, mais sa provenance exacte est inconnue.

PRODUCTION ARTIFICIELLE DU RUBIS
(Voyez le chapitre VIII).

En 1877, MM. Fremy et Feil avaient obtenu le rubis par un procédé vraiment industriel : ils avaient préparé *plusieurs kilogrammes* de rubis, très nettement cristallisé. Mais ces rubis ont une texture lamelleuse qui ne permet pas de les soumettre à la taille : de sorte qu'ils n'ont pas de valeur pour la joaillerie.

En 1887, MM. Fremy et Verneuil ont obtenu des rubis parfaitement cristallisés, de la plus belle teinte et aussi durs que les rubis naturels, en chauffant au rouge blanc, pendant plusieurs heures, de l'alumine en présence du fluorure de calcium (ou *spath fluor*).

Ces rubis n'ont plus du tout la texture lamelleuse des cristaux préparés par le premier procédé. Cependant, comme ils sont très petits, M. Fremy affirme que le commerce des pierres précieuses ne doit point s'alarmer au sujet de ses travaux : car les rubis n'atteignent une valeur un peu considérable que si leur grosseur dépasse les limites ordinaires.

Comme le rubis fond au chalumeau à hydrogène et oxygène, et que le rubis fondu avec les précautions convenables paraît posséder les mêmes propriétés que le rubis cristallisé, il est possible qu'on cherche à faire passer les rubis artificiels fondus en masses un peu considérables pour de gros rubis naturels.

En résumé, au point de vue chimique, la question de la production du rubis est complètement résolue.

La production artificielle du diamant est toujours à trouver. La résolution de ce problème présente le plus grand intérêt, ne serait-ce qu'à cause des avantages innombrables que présentent les *outils diamantés*.

TABLE DES GRAVURES

TABLE DES MATIÈRES

15441. — PARIS, IMPR. A. LAHURE, RUE DE FLEURUS, 9.

www.ingramcontent.com/pod-product-compliance
Lightning Source LLC
Chambersburg PA
CBHW060413200326
41518CB00009B/1344